神奇大脑系列

SHEN QI DA NAO XI LIE

越玩越聪明的

孙子算经

神奇大脑编辑部　编著

江苏凤凰科学技术出版社

·南京·

图书在版编目（CIP）数据

越玩越聪明的孙子算经 / 神奇大脑编辑部编著. --
南京：江苏凤凰科学技术出版社, 2020.4
　（神奇大脑系列）
　ISBN 978-7-5537-8034-4

　Ⅰ.①越… Ⅱ.①神… Ⅲ.①古算经 – 中国 – 普及读
物 Ⅳ.①O112-49

中国版本图书馆CIP数据核字(2020)第044839号

越玩越聪明的孙子算经

编　　著	神奇大脑编辑部	
责 任 编 辑	陈　艺	
责 任 校 对	杜秋宁	
责 任 监 制	方　晨	

出 版 发 行	江苏凤凰科学技术出版社
出版社地址	南京市湖南路 1 号 A 楼，邮编：210009
出版社网址	http://www.pspress.cn
印　　刷	天津旭丰源印刷有限公司

开　　本	880 mm × 1 230 mm　1/32
印　　张	6
字　　数	156 000
版　　次	2020年4月第1版
印　　次	2020年4月第1次印刷

标 准 书 号	ISBN 978-7-5537-8034-4
定　　价	25.00元

图书如有印装质量问题，可随时向我社出版科调换。

前言

　　《孙子算经》是我国一部古老的数学著作，成书于四五世纪，虽然这部著作的作者生平及成书年代在历史上早已没有了详细的记载，但收录其中的经典名题却流传至今，如"鸡兔同笼""三女归宁""物不知数"等。当然，古代的科学技术并不发达，当时的一些解题方法在今天看来并不简便，但只要你对古人的解题方法进行认真学习，就会发现他们身上所蕴藏的数学智慧是后人难以企及的。

　　《越玩越聪明的孙子算经》的重点是向大众推广《孙子算经》中的数学智慧。本书是一部以《孙子算经》为基础、结合现代数学知识的拓展型"数学百科全书"，其中详细介绍了度量衡、筹算、约分术等中国传统的数学常识，并详细总结、归纳了《孙子算经》中的千古名题，涉及运输、家畜、田地、市场交易等与生活息息相关的主题，如今看来依旧生动有趣。此外，书中还收录了各个层面的几何问题，旨在从小就激发孩子的形象思维能力和空间想象力。

　　本书在详细介绍算经千古名题的同时，还与现代算题结合，进行了一系列的拓展训练，书中的每道算题都深入浅出，通过一个个小故事向大家提问，解题步骤分析得详细入理，使读者不知不觉间学会某种解题思路，从此爱上数学。

　　那么，就让我们打开这本《越玩越聪明的孙子算经》，感受其中的数学魅力，挑战自己的思维极限，让孩子越玩越聪明，玩乐间便可成为头脑活跃的数学高手。

CONTENTS

目录

第一章　算经操练热身篇

第二章　千古名题抢先看

第三章　数字魔方转转转

第四章　分配魔棒轻巧点

第五章　"商务通"，脑中安

第六章　图形王国乐无边

第一章　算经操练热身篇

导语:

　　跟随孙子操练算法——你准备好了吗? 也许你早已跃跃欲试, 也许你还感到信心不足, 无论怎样, 都先不要着急。你应该平静下来, 认真阅读本书的第一章。开篇的这一章将向你介绍解答古代算数题目需要具备的知识——古代度量衡制度, 以及比珠算更古老的筹算文化, 除此之外, 这一章还安排了一些简单的算题帮你巩固刚刚学到的知识, 为解答接下来的难题做好准备。千万不要忽略这部分内容, 它是你智勇闯关并最终提升思维能力的保障。相信这一章提供的大量文化、历史信息, 也将促使你对中国古代文化产生更进一步的理解。

第一节　了解古代度量衡

什么是度量衡

度量衡是对物体长短、体积（容积）、轻重的测量与表述，它伴随着农业生产的发展而产生，协助人们开展测量、统计工作，使准确分配生产资料与劳动成果成为可能。中国古代的计量起源虽然可以追溯至远古时代，但当时人们的认识和生产水平都非常有限，度量衡也仅处于自身发展的萌芽阶段。秦始皇统一六国之后，规范了度量衡制度，在那时候，中国古代的计量标准已经相当完备了。再到《孙子算经》成书的魏晋时期，尽管政权交替频繁，但度量衡制度却基本延续秦汉时期的标准，单位名称稳定、单位级别划分精细。不过，也正是因为中国古代的度量单位划分过于精细，表述繁杂，且与今天国际通用的计量标准出入较大，因此早已被废止不用了。为了让大家在操练"孙子算经"时不致被陌生、琐细的单位名称困扰，我们有必要在实题闯关之前先来熟悉一下《孙子算经》里的单位名称。当然，了解单位名称也是认识古代社会文化的一种有效途径，所以，阅读下面的内容，你将得到双重收获。

首先，让我们先看几道《孙子算经》中的题目：

【原题】

今有锦①一疋②，直③钱一万八千。问丈、尺、寸各直几何？（选自《孙子算经》21 卷下）

【注释】

①锦：有彩色花纹的丝织品。

②疋：匹。

③直：通"值"。

【译义】

现有锦一匹，值 18 000 钱。问每丈、每尺、每寸锦各值多少钱？

这道题涉及"度"——长度单位的换算知识。虽然只是一道很简单的一步除法题，但如果不知道丈、尺、寸之间的换算关系，恐怕想上几个小时也难以得出正确答案。

这道题究竟如何解答，我们过会儿再讨论。现在再看一道有关"量"——容积单位的题目：

- -

【原题】

今有粟①二千三百七十四斛，斛加三升。问共粟几何？（选自《孙子算经》12 卷下）

【注释】

①粟：谷子。

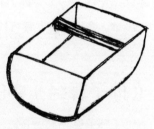

【译文】

现有粟 2 374 斛，每斛增加 3 升。问一共有多少粟？

这道题目的答案是 2 445 斛 2 斗 2 升。你一定又有点糊涂了，"升"这个单位对你来说应该还不算陌生，但是"斛"和"斗"是什么，它们代表多大容积，你大概就没有任何概念了。而且你要知道，这里的"升"绝非今天的"升"，它俩只是同名，容量可差得远呢！

最后，我们再来看一道和"衡"——轻重相关的题目：

【原题】

今有黄金一斤，直钱一十万。

问两直①几何？（选自《孙子算经》

20卷下）

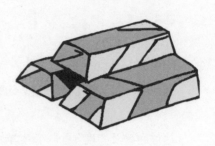

【注释】

①直：通"值"。

【译文】

现有黄金1斤，值10万钱，问每两黄金值多少钱？

你是不是正在暗自高兴——"这道题太简单了，我已经算出答案了！"那么，你的答案和《孙子算经》的答案一致吗？《孙子算经》得6 250钱。如果你算错了，可千万要记住，我国古代的斤两换算关系可不同于今天的斤两关系！

怎么样，看过上面的几道题目以后，你是不是已经接受了刚才的建议：先熟悉一下《孙子算经》中的度量衡知识，为后面的难题闯关热热身，并捎带着一瞥古代社会文化……

《孙子算经》中的度量衡

《孙子算经》一开篇便分别介绍了度、量、衡的相关知识。首先登场的是"度"：

度之所起，起于忽。欲知其忽，蚕吐丝为忽。十忽为一秒，十秒为一毫，十毫为一厘，十厘为一分，十分为一寸，十寸为一尺，十尺为一丈，十丈为一引。五十尺为一端；四十尺为一疋①；六尺为一步。二百四十（平方）步②为一亩。三百步为一里。(《孙子算经》1卷上)

①疋：通"匹"。

②步：这个"步"比较特殊，它不是长度单位，而是面积单位——平方步。

看到了吧，古代的长度单位相当繁杂．忽、秒、毫、厘、分、寸、尺、丈、引、端、匹、步、亩（严格地说"亩"是面积单位）、里，一口气就能讲出 14 个，可见古人对长度的认识是相当具体和深入的。这一段古文很好理解，用单位换算公式表达就是：

10 忽 =1 秒　　10 秒 =1 毫　　10 毫 =1 厘　　10 厘 =1 分

10 分 =1 寸　　10 寸 =1 尺　　10 尺 =1 丈

10 丈 =1 引　　50 尺 =1 端　　40 尺 =1 匹

6 尺 =1 步　　240 平方步 =1 亩　　300 步 =1 里

知道了这些换算比率，我们就可以解答前面那道锦布的问题了：

《孙子算经》21 卷下那道题的已知告诉我们一匹锦值 18 000 钱，求每丈、每尺、每寸锦各值多少钱。根据长度单位间的换算关系：1 匹 =40 尺，可求出一尺锦的价值：18 000÷40=450 钱；再根据 1 丈 =10 尺，可求出一丈锦的价值：450×10=4 500 钱；最后根据 1 尺 =10 寸，可求出一寸锦的价值：450÷10=45 钱。因此，每丈值 4 500 钱，每尺值 450 钱，每寸值 45 钱。

下面，我们再练习一道关于长度单位的题目，以作巩固：

- -

【原题】

今有屋基，南北三丈，东西六丈，欲以砖砌之。凡积二尺，用砖五枚。问计几何？（选自《孙子算经》9 卷中）

【译文】

现有一房屋地基，南北宽 3 丈，东西长 6 丈，打算用砖砌此地基。每 2 平

方尺的面积上，用五枚砖。问一共需多少
枚砖？

6 丈

3 丈

【解答】

这道题涉及的换算关系只有一个：10
尺 =1 丈。根据这一换算关系，3 丈 =30 尺，6 丈 =60 尺，因此，这
块地基的面积是 30×60=1 800（平方尺），又因为每 2 平方尺用砖 5
枚，因此 1 800÷2×5=4 500（块），即求出了一共需要的砖块数量。

下面我们来了解有关"量"的知识：

量之所起，起于粟。六粟为一圭，十圭为一抄，十抄为一撮，十
撮为一勺，十勺为一合，十合为一升，十升为一斗，十斗为一斛。（《孙
子算经》2 卷上）

你应该已经发现了古代关于"量"的单位名称是以日常生活中的
容器命名的，比如"勺""斗""斛"，可见古人使用度量衡的经验
是源于生活又回归于生活的。那么，这些容积单位之间的换算关系是
怎样的呢？把《孙子算经》的描述用换算公式表达就是：

6 粟 =1 圭　　10 圭 =1 抄　　10 抄 =1 撮　　10 撮 =1 勺

10 勺 =1 合　　10 合 =1 升　　10 升 =1 斗　　10 斗 =1 斛

有了这些换算公式，我们就可以解答前面 12 卷下那道题了：

今有粟二千三百七十四斛，斛加三升。问共粟几何？

每斛增加 3 升后，容量为 1 斛 3 升。根据 1 斛 =10 斗、1 斗 =10 升，
1 斛 3 升也就是 1.03 斛，因为有 2 374 个这样的单位，因此 1.03 ×
2 374=2 445.22（斛），2 445.22斛=2 445斛2斗2升，所以，一共有粟
2 445斛2斗2升。

提示

要记住，古人是不习惯用小数形式（比如"2 445.22 斛"）
记录最后答案的，因此，在算出每道题的最终结果后，最好
把它们换算成用不同级别的单位名称来表示这一结果（就像
"2 445 斛 2 斗 2 升"）。

14

下面，我们再做一道题，巩固一下和"量"相关的知识：

【原题】

今有粟一斗，问为糯米几何？（选自《孙子算经》5 卷中）

【译文】

现有粟 1 斗，问可换得多少糯米？

【解答】

粟与糯米的换算比率是"粟：糯米 =5：3"，因此 1 斗粟，可以换得的糯米量是：$1 \times 3 \div 5 = 0.6$ 斗。因为 1 斗 =10 升，所以 0.6 斗 =6 升。1 斗粟可以换 6 升糯米。

最后，我们来学习一下"衡"（也作"称"）方面的知识：

称之所起，起于黍。十黍为一絫（音同累），十絫为一铢，二十四铢为一两，十六两为一斤，三十斤为一钧，四钧为一石。（《孙子算经》2 卷上）

"衡"或者"称"，顾名思义是与物体重量相关的单位，这里有 7 个关于"称"的单位名称：黍、絫、铢、两、斤、钧、石，它们之间的换算关系是：

10 黍 =1 絫   10 絫 =1 铢   24 铢 =1 两

16 两 =1 斤   30 斤 =1 钧   4 钧 =1 石

了解了这些换算公式，我们来解答遗留在前边的那道题目：

现有黄金 1 斤，值 10 万，问每两黄金值多少钱？

已知 1 斤黄金值 100 000 钱，且在古代 1 斤 =16 两，因此，一两黄金的价格是 $100\,000 \div 16 = 6\,250$（钱）。一定要记住：在古代，1 斤 =16 两！

再做一题，来加深一下对"衡"的理解：

【原题】

今有三万六千四百五十四户，户输绵二斤八两。问计几何？（选自《孙子算经》9 卷下）

【译文】

今有 36 454 户，每户运绵 2 斤 8 两。问共运多少绵？

【解答】

因为 1 斤 =16 两，因此，2 斤 8 两 =2.5 斤，用每户输绵的量乘以户数便可以求出一共输送了多少绵，2.5×36 454=91 135（斤）。一共输送了 91 135 斤绵。

古今度量衡比较

怎么样，通过上面的讲解和练习，你是否已经对古代的度量衡知识有所了解了呢？不过，不管怎么说，这些古代的单位名称毕竟已经退出了今人的应用视野，因此，如果它们让你感到实在难以亲近，也是很正常的。为了帮助大家切实体会古代度量衡制度，我们在这里把古今度量衡联系起来，让大家看一看《孙子算经》中的度量衡与我们经常使用的单位名称之间存在着怎样的联系。

度：1 尺 ≈ 23.1 厘米

量：1 升 ≈ 200 立方厘米

衡：1 斤 ≈ 250 克

以上古今度量单位间的换算公式是专家们在对秦汉时期的文物进行测量后得出的。其实，在我国历史发展的不同阶段、不同地域，同一个单位名称所表示的大小、不同单位间的换算比率也是不同的、时常变化的，只不过，从目前掌握的历史资料看，从秦汉到《孙子算经》

成书的魏晋时期，度量衡制一直保持着相对稳定的状态。因此，上面三个关系式基本反映出了《孙子算经》时代的度量衡单位与今制单位间的换算关系。《孙子算经》中各类单位的换算关系已经在前面呈现给大家了，因此，根据它们之中的一个与今制度量衡单位的换算比率，我们就可以推及其他。比如，由 1 尺 ≈ 23.1 厘米，我们就可以大致推算出 1 寸 ≈ 2.31 厘米。所以，如果你想具体感知某个古代单位名称所表示的大小，就通过以上三个换算公式，和前面《孙子算经》中的度量衡换算关系，自己推算一下吧。

当你真正感知了古代度量单位所表示的大小后，你会发现再读古书或者接触古代文化时，很多原本枯燥的内容顿时有趣起来。不信，请看下面的内容。

完美的女子

战国末期，楚国大才子宋玉曾在他著名的《登徒子好色赋》中描述了这样一位倾国倾城的女子："增之一分则太长，减之一分则太短；著粉则太白，施朱则太赤。眉如翠羽，肌如白雪，腰如束素，齿如含贝。嫣然一笑，惑阳城，迷下蔡。"宋玉并没有直接告诉我们这位女子的身高，他只是从侧面夸赞她的身高恰到好处：再高一分就太高了，而如果矮一分则又显得太矮。那么，这里的"一分"到底有多高呢？根据古今单位换算公式，1 尺 ≈ 23.1 厘米，而《孙子算经》指出 1 尺 =100 分，因此，1 分 =23.1÷100 ≈ 0.23 厘米，这也

就是说 1 分大概也就只有 2 毫米长。对于人的身高来说，2 毫米的差异几乎难以察觉，不过通过宋玉这番明显具有夸张色彩的描述，足以使我们想象到这个貌美女子留给宋玉的印象是何等完美。

豪杰男儿

　　《三国演义》中说刘备身高 7.5 尺，关羽身高 9.3 尺，他的青龙偃月刀重达 82 斤，张飞身高 8 尺。想一想，按照今人的度量标准，这三兄弟的身高以及刀的重量到底是多少？因为古代的 1 尺大约相当于今天的 23.1 厘米，所以，刘备约高 7.5 × 23.1 ≈ 173（厘米），关羽的身高约为 9.3 × 23.1 ≈ 215（厘米），张飞的身高约是 8 × 23.1 ≈ 185（厘米）；古制的 1 斤大致相当于今天的 250 克（也就是半斤），因此，关羽的青龙偃月刀的重量约为 82 ÷ 2 = 41（斤）。因此，刘备身高 1.73 米，关羽身高 2.15 米，张飞身高 1.85 米；关羽的刀重 41 斤。怎么样，这一次这三兄弟留给你的印象更加深刻了吧？相信你一定会禁不住赞叹：关羽真是男儿中的豪杰啊！

和姚明一样高的孔子

看到关羽的身高，你可能只是羡慕赞叹一番，但是，如果我告诉你孔子比关羽还高，你恐怕要大吃一惊，并质疑你的听力吧。司马迁在《史记·孔子世家》中记载孔子的身高为"九尺有六寸"，根据秦汉制长度单位与今制长度单位间的换算关系，孔子的身高大约相当于今天的221.76厘米，这个高度真是快与小巨人姚明齐平了！实在令人大吃一惊！司马迁可能是把数据弄错了，他的错误或许出于无意，或许出于他故意抬高这位华夏圣人历史地位的目的。

第二节　古代算术"兵器"

什么是算筹

不知道你有没有思考过这样的问题：在没有阿拉伯数字、计算器的年代，古人是如何进行运算的？你可能会直接想到算盘，没错，算盘的确是辅助我们的祖先开展运算的工具。但是，算盘是元朝末期才产生的，在此之前是什么事物在协助古人记录并演算复杂的数字和算式呢？

这件工具叫"算筹"。算筹大约产生于2500年前，是一种直径约为1分、长约为6寸的圆形棒——说直白些就是一种"小棍儿"。今天，小棍儿依然是数学启蒙过程中的重要教具，相信很多读者小时候都使用过，只不过我们今天使用的小棍儿多是塑料制成的，可以在任何平面上码放，而古人的小棍儿却材质多样——有用石头、骨头、木头制作的，也有用竹子、金属甚至琉璃制成的，古人摆放算筹时，通常在平面上铺一块毡毯，因为毡毯的摩擦力比较大，算筹在上面不易滚动。

筹算方法

算筹虽然很早就诞生了，并一直为我国古人广泛使用，但是在《孙子算经》之前的数学著作中却看不到对算筹使用方法的详细记录，《孙子算经》对这部分缺失的内容进行了阐述，使后人得以进一步地窥视到古代算术文化的精微。

以算筹为工具记数和演算的过程叫作"筹算"。我们接下来就分别从"记数"和"演算"两方面来看一看筹算的方法和步骤。

用算筹记数

算筹怎样摆放就能表示一个数字呢？不同的数字如何加以区别？

在这里，先让大家看一看 1 ~ 9 这些数字的样子：

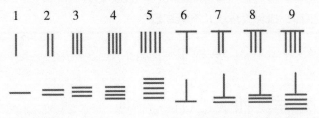

你可能会感到疑惑，为什么同一个数字会有方向不同的两种摆法？要知道，数量之外，算筹的摆放方向也是筹算记数的关键要素。总的来看，算筹的数量表示着数字的大小，比如在 1 的基础上平行添加一根算筹就是 2，8 比 6 多两根算筹。但是，如果算筹只是随着数字增大无限累积，辨识数字将会成为一件令人头痛的事情。因此，古人同时利用算筹的摆放方向区别数字。你看，从 6 开始，算筹数字的形态发生了明显变化：一根与 5 方向不同的算筹替换了 5——也就是以 1 当 5，简化了 6、7、8、9 的形态。除了区别数字大小这一功能，算筹的摆放方向还起着区别数位的作用。这也正是为什么你会看到两套方向恰好相反的 1 ~ 9。中国古代筹算文化的先进之处就在于它严格采纳十进制记数法，每一数位满十便向前一位进一，而这个被进上来的"一"必须改变方向与原有数位相区别。《孙子算经》明确规定了这项内容：

　　凡算之法，先识其位，一从十横，百立千僵①，千十相望②，万百相当。（《孙子算经》6卷上）

　　【注释】

　　①僵：横卧。

　　②相望：相同。

　　这段古文的大意是：凡是筹算的方法，首先都需要辨识数位，个位上的算筹纵放、十位上的横放、百位上的纵放、千位上的横放，千位与十位上的算筹摆放方向相同，万位与百位的方向一致。也就是说，相邻数位上的算筹方向横纵交替，间隔数位方向相同。

　　下面，请你来辨认几个筹算数字：

$$\| \ \equiv \ \overline{\| \|} : 237$$

$$\equiv \ \| \| \| \ \underline{\ } \ \overline{\| \|} : 4\,418$$

$$\| \| \ \equiv \ \| \| \| \ \equiv \ \overline{\top} : 32\,596$$

　　值得一提的是，我们的祖先很早就认识到了0的概念，因此，当遇到某一数位上的数字为零时，这一位会保持为空。你再来看看下面两个是什么数？

$$\| \qquad \overline{\| \|} : 207$$

$$\equiv \qquad \bot \ \overline{\| \| \|} : 4\,079$$

　　运筹

　　认识了算筹数字之后，我们再来看一看如何使用算筹开展运算。在毡毯上通过摆放、移动算筹进行演算的过程也叫作"运筹"，当你迅速、敏捷地移动算筹计算时，也就是我们所说的"运筹如飞"了。

《孙子算经》在卷上和卷中专门讲解了整数乘除法、分数加减法的运筹方法。在这里，我们通过整数乘除法的两个例子，慢放古人"运筹如飞"的镜头。

例1：九九八十一，自相乘，得几何？（选自《孙子算经》16卷上）

计算：$81 \times 81 = ?$ 具体的筹算方法见下表：

运筹分步图示	术法原文	白话解说
被乘数 积 乘数	重置其位。	被乘数、积和乘数用算筹排成三行，被乘数在上、积在中间、乘数在下。乘数的个位数（1）与被乘数的最高位数（8）对齐。
被乘数 积 乘数 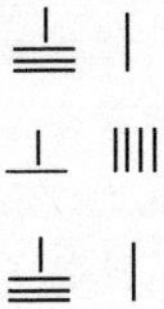	以上八呼下八，八八六十四，即下六千四百于中位。	被乘数的最高位数（8）乘以乘数的最高位数（8），得出的积（6 400）写在中间。
被乘数 积 乘数 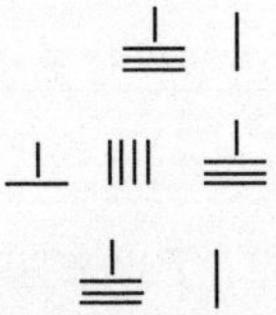	以上八呼下一，一八如八，即于中位下八十。	被乘数的最高位数（8）乘以乘数的个位数（1），得数（80）加到中间的积上：6 400+80=6 480。
被乘数 积 乘数 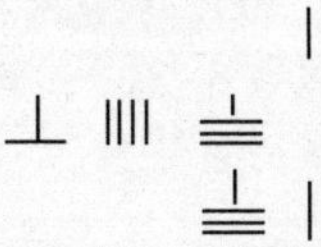	退下位一等，收上位八十。	去掉被乘数的最高位数（8），乘数向右移一位。
被乘数 积 乘数 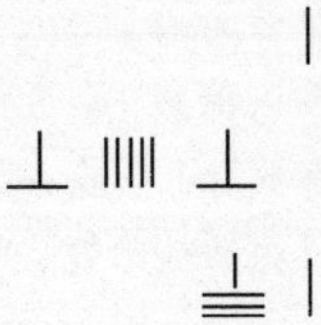	以上位一呼下八，一八如八，即于中位下八十。	被乘数的个位数（1）乘以乘数的最高位数（8），得数(80)加到中间的积上：6 480+80=6 560。

运筹分步图示	术法原文	白话解说
被乘数 | 积 ⊥ ||||| ⊥ | 乘数 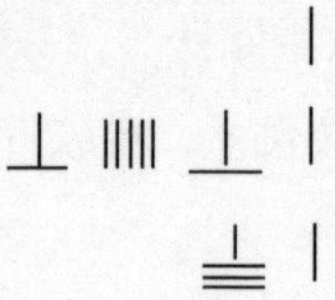 ≟ |	以上位一呼下八，一八如八，即于中位下八十。	被乘数的个位数（1）乘以乘数的个位数（1），得数（8）加到中间的积上：6 560+1=6 561。
被乘数 积 ⊥ ||||| ⊥ | 乘数 	上下位俱收，中位即得六千五百六十一。	去掉被乘数的个位数，乘数再向右移。然后去掉乘数，得出结果（6 561）。

例2：六千五百六十一，九人分之，问人得几何？（选自《孙子算经》17卷上）

计算：6 561÷9=？ 具体的筹算方法见下表：

运筹分步图示	术法原文	白话解说
商 实 ⊥ ||||| ⊥ | 法 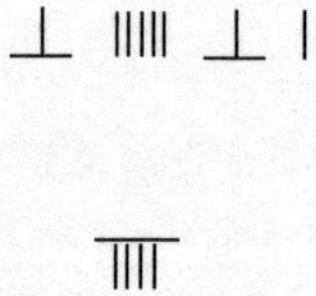 ⫲	先置六千五百六十一于中位，为实。下列九为法。	除法运算算筹摆三行，最上一行是商，中间一行是被除数（"实"），下边一行是除数（"法"）。除数（9）摆在被除数够除除数的第一位数（百位数5）之下。
商 ⫫ 实 || ⊥ | 法 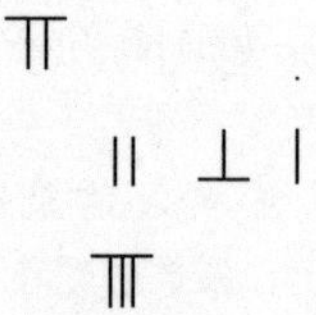 ⫲	上位置七百，以上七呼下九，七九六十三，即除中位六千三百。	商700，700乘以除数9等于6 300，从被除数6 561中减去6 300，得数261为新的被除数。
商 ⫫ ═ 实 ⊥ | 法 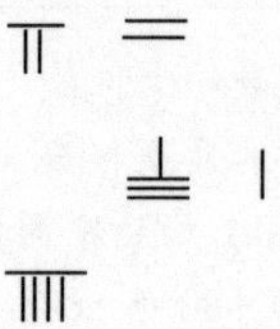 ⫲	退下位一等，即上位置二十。以上二呼下九，二九十八，即除中位一百八十。	除数向右移一位。商20，20乘以除数9等于180，从被除数261中减去180，得数81为新被除数。

运筹分步图示	术法原文	白话解说
商实法	又更退下位一等，即上位更置九，即以上九呼下九，九九八十一，即除中位八十一。	除数再向右移一位。商9，9乘以除数9等于81，从被除数01中间去01，等于0。
商实法	中位并尽，收下位。上位所得即人之所得。	去掉中间和下边的两排算筹。上排的算筹数字（729）即是最后的商。

　　《孙子算经》几乎在每道题的下面都附有"术"，这些术文提示着该题的解法，如果你在阅读这些术文时看到"置十八分在下，一十二分在上"或者"置三分、五分在右方，之一、之二在左方"之类的描述，只要知道这是在介绍运筹的步骤和方法就可以了，不必使劲儿地去琢磨它们，不要让书文中这些生僻的语句分散了你的注意力。记住，在后面的解题过程中，你应该关注的不是古人如何摆放算筹，而是他们如何灵活、巧妙地使用思维武器攻克难题！最终，你应该努力使这些宝贵的方法成为你自己的思维方式。

第二章　千古名题抢先看

导语：

　　《孙子算经》被誉为中国古代数学的三部经典之一，它收录了诸如"雉兔同笼""物不知数""三女归宁"等一系列千古流芳的名题，并为这些题目提供了巧妙的解答方法。这一次，就让我们从这些名题开始，重拾《孙子算经》遗留给我们的智慧宝藏。

第一节　雉兔同笼

算题1　雉兔同笼1

難度等级：★★★★☆　　　思维训练方向：假设思维

【原题】

今有雉①、兔同笼，上有三十五头，下有九十四足。问雉、兔各几何？（选自《孙子算经》31卷下）

【注释】

①雉：鸡。

【译文】

现有若干只鸡、兔被关在同一个笼子里。上有35个头，下有94只脚。问鸡、兔各有多少只？

【解答】

《孙子算经》针对这一题做出了非常巧妙的解答，"术曰：上置头，下置足。半其足，以头除足，以足除头，即得。"把这一解法列成算式即：兔子的只数 =94÷2-35=12（只），再用 35-12=23（只），即求出了鸡的数量。

这一解法的巧妙之处即在于它假设了一种特殊的情况——鸡、兔的脚数都减少一半，也就是想象每只鸡都"金鸡独立"，而每只兔子都抬起2只前爪。这样，地面上出现脚总数的一半，也就是94÷2=47。如果我们把47看作两种动物的头数，那么鸡的头数算了一次，而兔子的头数却算了两次，因为当鸡抬起一只脚，它的脚数与头数相等，而当兔子抬起前主爪之后，脚数却为头数的两倍，也就是说，每有一只兔子，（一半的）脚数便要比头数多1。因此，从47中减去

27

总头数35,得到的是兔子头数。再用总头数减去刚刚算出的兔子的数量,便得出了鸡的数量。

假设一种特殊情景,只通过一次除法和两步减法便得出所求,方法的确非常明了、简单。只不过这种解法推广的可能性比较小,因为"抬腿法"更适合鸡、兔这种脚数与头数呈现特定比例关系的动物,对于一般性的事物,我们可以用一种更普遍的解法。

还是雉兔同笼这道题,如果假设35只都是兔子,那么就有$4×35$只脚,比94只脚多:

$35×4-94=46$(只)

因为每只鸡比兔子少($4-2$)只脚,所以共有鸡:

$(35×4-94)÷(4-2)=23$(只)

说明我们设想的35只"兔子"中有23只不是兔子,而是鸡。因此兔子的真正数目是$35-23=12$(只)。

当然,我们也可以设想35只都是"鸡",那么共有脚$2×35=70$(只),比94只脚少:

$94-70=24$(只)

每只鸡比每只兔子少($4-2$)只脚,所以共有兔子:

$(94-2×35)÷(4-2)=12$(只)

说明设想中的"鸡"中有12只不是鸡,而是兔子。鸡的真实数目是$35-12=23$(只)。

因此,这个笼子中共有23只鸡、12只兔。

再操练

1. 哪吒战夜叉

难度等级:★★★★☆　　　思维训练方向:假设思维

【原题】

八臂一头号夜叉,三头六臂是哪吒,两处争强来斗胜,不相胜负

正交加。三十六头齐出动，
一百八手乱相抓。旁边看者
殷勤问，几个哪吒几夜叉？

（选自《九章算法比类大全》）

【译文】

3 个头 6 只手臂的哪吒
与 1 个头 8 只手臂的夜叉展
开大战，因各怀法术、实力
相当，所以战场形势异常紧张，开战不多时，战场已是浓烟滚滚，旁
观者再难分清哪个是哪吒、哪个是夜叉，只看到 36 个头攒动，108 只
手在挥舞，试问这场混战中有多少个哪吒，多少个夜叉？

【解答】

我们可以设想 36 个头都是夜叉的，那么，一共应该有手臂
36×8=288（只），比 108 只多：

288-108=180（只）

这多出来的 180 只手臂来自哪里呢？这个差值来自我们按照夜叉
的头、臂比例计算出的哪吒的手臂数。因为我们假设混战中所有的头
都是夜叉的，我们也就默认了"头：臂=1：8"这个比例，按照这种比例，
计算出一个哪吒有 3×8=24（只手臂），而每个哪吒本应该有 6 只手臂，
比本应有的手臂数多了 24-6=18（只）

所以共有哪吒：

（36×8-108）÷(24-6)=10（个）

这说明我们设想的"夜叉的头"中有 10×3 个不是夜叉的，而是
哪吒的。因此夜叉的真实数目是：

36-10×3=6（个）

因此，这场混战中共有 10 个哪吒、6 个夜叉。

你也可以假设所有的头都是哪吒的，这样一共应该有 36÷3×6=72
（只手臂）。比 108 只手臂少了：

108-72=36（只）

这少了的 36 只手臂来自于夜叉。我们按照哪吒的头、臂比例计算出夜叉的手臂数量。对于哪吒来说，头：臂=1：2（3 个头 6 只手臂），按照这一比例，一只夜叉应该有 2 只手臂，但事实情况是一个夜叉有 8 只胳膊。因此，每个夜叉少了 8-2=6（只手臂）。所以，一共有夜叉：

（108-36÷3×6）÷（8-2）=6（个）

这说明我们设想的"哪吒的头"中有 6 个不是哪吒的，而是夜叉的。因此夜叉的实际数目是：

（36-6）÷3=10（个）

想一想还有没有其他解法。提示：可以从 108 只手臂入手假设。

2. 三足鱼和六眼龟

难度等级：★★★★☆　　　　　思维训练方向：假设思维

【原题】

三足团鱼①六眼龟，共同山下一深池，九十三足乱浮水，一百二②眼将人窥，或出没，往东西，倚栏观看不能知。有人算得无差错，好酒重斟赠数杯。（选自《算法统宗》）

【注释】

① 团鱼：鳖。三足鳖是上古鳖族图腾。

30

② 一百二：102。

【译文】

山下深潭中，三足团鱼和六眼龟正在戏水。一共有 93 只脚，102 只眼，问各有团鱼、六眼龟多少只？

【解答】

我们可以设想 102 只眼睛都是团鱼的，那么，一共应该有脚 $102÷2×3=153$（只），比 93 只多：

$153-93=60$（只）

这多出来的 60 只脚来自六眼龟。我们按照三足团鱼的眼、足比例计算出六眼龟的脚数。三足团鱼的眼、足比例是"眼：足 =2：3"，按照这种比例，计算出每只六眼龟有 $6×3÷2=9$（只脚），而事实上每只六眼龟应该有 4 只脚，设想比实际多了 $9-4=5$（只脚）。

所以共有六眼龟：

$60÷5=12$（只）

这说明我们设想的"团鱼的眼睛"中有 $12×6=72$ 只不是团鱼的，而是六眼龟的。由此可知，三足团鱼的真实数目是：

$（102-72）÷2=15$（只）

因此，潭中共有三足团鱼 15 只、六眼龟 12 只。

你也可以设想 102 只眼睛都是六眼龟的，那么，一共应该有脚 $102÷6×4=68$（只），比 93 只少：

$93-68=25$（只）

这少了的 25 只眼睛来自三足团鱼。我们按照六眼龟的眼、足比例计算出三足团鱼的脚数。六眼龟的眼、足比例是"眼：足 =3：2"，按照这种比例，计算出每只团鱼应该有 $2×2÷3=\frac{4}{3}$（只脚），而事实上每只团鱼应该有 3 只脚，少了 $3-\frac{4}{3}=\frac{5}{3}$（只脚）。

所以共有三足团鱼：

$25÷\frac{5}{3}=15$（只）

这说明我们设想的"六眼龟的眼睛"中有2×15=30（只）不是六眼龟的，而是团鱼的。由此可知，六眼龟的真正数目是：

（102-30）÷6=12（只）

想一想还有没有其他解法。提示：可以从93只脚入手假设。

3. 李老师买笔

难度等级：★★★☆☆　　　思维训练方向：假设思维

李老师到文具店买圆珠笔，红笔每支1.9元，蓝笔每支1.1元，两种圆珠笔共买了16支，花了28元。问红笔、蓝笔各买了几支？

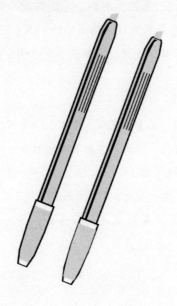

【解答】

以"角"作单位：

红笔数量：（280-11×16）÷(19-11)=13（支）

蓝笔数量：16-13=3（支）

因此，李老师买了13支红笔、3支蓝笔。

4. 二人打字

难度等级：★★★☆☆　　　思维训练方向：假设思维

一份稿件，甲单独打字需 6 小时完成，乙单独打字需 10 小时完成，现在甲单独打字若干小时后，因有事由乙接着打完，共用了 7 小时。甲打字用了多少小时？

【解答】

我们把这份稿件平均分成 30 份（30 是 6 和 10 的最小公倍数），甲每小时打 30÷6=5（份），乙每小时打 30÷10=3（份）。

根据前面的公式，

甲打字用时：(30−3×7)÷(5−3)=4.5（小时）

乙打字用时：7−4.5=2.5（小时）

因此，这道题的答案是 4.5 小时。

5. 蜘蛛、蜻蜓和蝉

难度等级：★★★★★　　　思维训练方向：假设思维

蜘蛛有 8 条腿，蜻蜓有 6 条腿和 2 对翅膀，蝉有 6 条腿和 1 对翅膀。现在这三种小虫共 18 只, 有 118 条腿和 20 对翅膀。每种小虫各有几只?

【解答】

因为蜻蜓和蝉都有 6 条腿, 所以从腿的数目来考虑, 可以把小虫分成"8 条腿"与"6 条腿"两种, 利用公式就可知 8 条腿的蜘蛛有: (118-6×18)÷(8-6)=5 (只), 则 6 条腿的小虫有:

18-5=13 (只)

也就是蜻蜓和蝉共有 13 只。因为它们共有 20 对翅膀, 再利用一次公式。

蝉的数量: (13×2-20)÷(2-1)=6 (只)

蜻蜓的数量: 13-6=7 (只)

因此, 有 5 只蜘蛛, 7 只蜻蜓, 6 只蝉。

拓展

1. 雉兔同笼 2

难度等级: ★★★☆☆   思维训练方向: 假设思维

若干只鸡、兔在同一个笼中, 它们的头数相等, 脚一共有 90 只。

鸡、兔各有几只？

【解答】

因为鸡、兔头数相等，因此可以把1只鸡和1只兔子并为一组，每组有2+4=6（只脚），90÷6=15，可知一共有15组鸡兔，也就是说笼子里有15只鸡，15只兔。

2. 两种邮票

难度等级：★★★☆☆　　　　思维训练方向：分合思维

小红买了一些4角和8角的邮票，共花了68元。已知8角的邮票比4角的邮票多40张，那么，两种邮票各有多少张？

【解答】

如果拿出40张8角的邮票，剩下的邮票中8角与4角的张数一样多，

$(680-8×40)÷(8+4)$
$=30$（张）

剩下的邮票中8角和4角的各有30张，8角的邮票一共有：

$40+30=70$（张）

因此，8角的邮票有70张，4角的邮票有30张。

第二节　物不知数

算题2　物不知数1

难度等级：★★★★☆　　　思维训练方向：演绎思维

【原题】

今有物，不知其数。三、三数之，剩二；五、五数之，剩三；七、七数之，剩二。问物几何？（选自《孙子算经》26卷下）

【译文】

现有一些物品，不清楚它们的数量。三个三个地数，剩2个；五个五个地数，剩3个；七个七个地数，剩2个。问这些物品的总数。

【解答】

《孙子算经》中的这道题目用简单的数学语言描述是：求一个数，它能够同时满足被3除余2，被5除余3，被7除余2这三个条件。

什么数能够被3除余2，被5除余3，被7除余2呢？古人探索出了解答这类题目的一般方法，它包括5个步骤：

①计算出被3除余2，且是5和7倍数的数。

②计算出被5除余3，且是3和7倍数的数。

③计算出被7除余2，且是3和5倍数的数。

④计算3、5、7的最小公倍数。

⑤将上面的三个数相加，减去（或者加上）3、5、7的公倍数。

其实前3个步骤中还各自包含着另外一个步骤——"求一"：要想求"被3除余2，且是5和7倍数的数"，只要先求出"被3除余1，且是5和7倍数的数"，然后将这个数乘以2就可以了。而要想计算出"被5除余3，且是3和7倍数的数"，只要先求出"被5除余1，且是3和7倍数的数"，然后再将这个数乘以3就可以了。求"被7除余2，且是3和5倍数的数"也是同理。也就是说，求除一个数"余x"的数，只要先求出"余1"的数，然后乘以x即可。

现在我们套用以上5个步骤来演算一下这道题：

①先求"被3除余1，且是5和7倍数的数"：5×7=35，35÷3=11余2，不符合条件，而35×2=70，70÷3=23……1，符合条件。再求"被3除余2，且是5和7倍数的数"：70×2=140，140便是我们最终要求的数。

②先求"被5除余1，且是3和7倍数的数"：3×7=21，21÷5=4……1，符合条件。再求"被5除余3、且是3和7倍数的数"：21×3=63，63便是我们要求的数。

③先求"被7除余1，且是3和5倍数的数"：3×5=15，15÷7=2……1，符合条件。在求"被7除余2，且是3和5倍数的数"：15×2=30，30便是我们要求的数。

④3、5、7的最小公倍数是：3×5×7=105。

⑤140+63+30=233，233-105×2=23，因为这道题目求的是"最小解"，所以减去105×2，3、5、7的最小公倍数无论扩大或缩小多少个整数倍，对结果都不会产生影响。

所以，23便是那个能够同时满足被3除余2，被5除余3，被7除余2的最小的数。

> **提示**
>
> 　　《孙子算经》之所以能在中国古代众多数学研究著作中占有重要一席，这道题目起了举足轻重的作用，因为这道著名的"物不知数"题开创了世界数学领域"同余式"研究的先河。

再操练

韩信点兵1

难度等级：★★★★☆   思维训练方向：演绎思维

【原题】

汉代开国大将军韩信有一次带兵打仗，在册兵员人数是 26 641 人。部队集合时他让战士们按照 1~3、1~5、1~7 三种方式报数，1~3 报数时余 1 人，1~5 报数时余 3 人，1~7 报数时余 4 人。已知当时缺员人数少于 100 人，求韩信部队的实到人数和缺员人数。

【解答】

"物不知数"题出现后引起了人们极大的兴趣，后来又衍生出"秦王暗点兵""韩信点兵"等经典题目，此题便是众多"韩信点兵"题中的一道。它的解答思路与上面的"物不知数"题相同。

解答"物不知数"题的关键是要先"求一"，也就是求"被某数除，余 1 的数"。对于 3、5、7 这几个数，古人很早便总结出了它们"求一"的规律：《孙子算经》有言："凡三、三数之，剩一，则置七十；五、五数之，剩一，则置二十一；七、七数之，剩一，则置十五。"我国古代数学家程大位还把这一规律编成诗记录在他的数学名著《算法统宗》里：

三人同行七十稀，五数梅花廿一枝。

七子团圆正月半，除百零五便得知。

"三人同行七十稀"是指："被 3 除余 1、且是 5 和 7 倍数的数"是 70。

"五数梅花廿一枝"是指："被5除余1，且是3和7倍数的数"是21。

"七子团圆正月半"是指："被7除余1，且是3和5倍数的数"是15。

我们可以直接应用《孙子算经》和《算法统宗》总结的规律，解答这道题目：

①1~3报数时余1人，就是求"被3除余1，且是5和7倍数的数"，这个数是70。

②1~5报数时余3人，就是求"被5除余3，且是3和7倍数的数"，这个数是21×3=63。

③1~7报数时余4人，就是求"被7除余4，且是3和5倍数的数"，这个数是15×4=60。

④3、5、7的最小公倍数是105。

⑤70+63+60=193，当我们求最小解时，用193减去3、5、7的公倍数，但是这道题目是要求军队的总人数，这个人数远远大于193，所以我们需要用193加上3、5、7的公倍数。因为军队本有26 641人，缺勤人数不到100人，因此我们最终要求的数应该在26 541到26 641之间，估算一下193+105×251=26 548人，是符合要求的。

因此，实到兵员26 548人，缺员93人。

拓展

1. 物不知数2

（难度等级：★★★★☆   思维训练方向：演绎思维）

【原题】

七数剩一，八数剩二，九数剩三，问本数几何？（选自《续古摘

奇算法》）

【译文】

现有一些物品，不清楚它们的数量。七个七个地数，剩2个；八个八个地数，剩2个；九个九个地数，剩3个。问这些物品的总数。

【解答】

刚才，我们做了两道关于3、5、7的"物不知数"题。现在我们来做几道有关其他数字的题目。其实，不论数字如何变化和组合，解题的思路和方法都是一致的。对于这道题目：

① "七数剩一"的数是：$8 \times 9 = 72$，$72 \div 7 = 10 \cdots \cdots 2$，不符合要求；$72 \times 4 = 288$，$288 \div 7 = 41 \cdots \cdots 1$，符合要求。所以，"七数剩一"的数是288。

②求"八数剩二"先求"八数剩一"的数：$7 \times 9 = 63$，$63 \div 8 = 7 \cdots \cdots 7$，不符合要求；$63 \times 7 = 441$，$441 \div 8 = 55 \cdots \cdots 1$，符合要求。所以，"八数剩一"的数是441，"八数剩二"的数是 $441 \times 2 = 882$。

③求"九数剩三"先求"九数剩一"的数：$7 \times 8 = 56$，$56 \div 9 = 6 \cdots \cdots 2$，不符合要求；$56 \times 5 = 280$，$280 \div 9 = 31 \cdots \cdots 1$，符合要求。所以，"九数剩一"的数是280，"九数剩三"的数是 $280 \times 3 = 840$。

④7、8、9的最小公倍数是 $7 \times 8 \times 9 = 504$。

⑤"本数"的最小值是 $288 + 882 + 840 - 504 \times 3 = 498$。

因此，这些物品的总数是498。

2. 物不知数 3

【原题】

十一数余三，七十二数余二，十三数余一，问本数。（选自《续古摘奇算法》）

【译文】

现有一些物品，不清楚它们的数量。十一个十一个地数，剩3个；七十二个七十二个地数，剩2个；十三个十三个地数，剩1个。问这些物品的总数。

【解答】

①求"十一数余三"先求"十一数余一"的数是：72×13=936，936÷11=85……1，符合要求；所以，"十一数余一"的数是936。"十一数余三"的数是936×3=2 808。

②求"七十二数余二"先求"七十二数余一"的数：11×13=143，143÷72=1……71，不符合要求；143×71=10 153，10153÷72=141……1，符合要求。所以，"七十二数余一"的数是10 153，"七十二数余二"的数是10153×2=20 306。

③"十三数余一"的数是：11×72=792，792÷13=60……12，不符合要求；792×12=9 504，9 504÷13=731……1，符合要求。所以，"十三数余一"的数是9 504。

④11、72、13的最小公倍数是11×72×13=10 296。

⑤"本数"的最小值是2 808+20 306+9 504−10 296×3=1 730。因此，这些物品的总数是1 730。

3. 物不知数 4

难度等级：★★★★★　　　思维训练方向：演绎思维

【原题】

二数余一，五数余二，七数余三，九数余四，问本数几何。（选自《续古摘奇算法》）

【译文】

现有一些物品，不清楚它们的数量。两个两个地数，剩1个；五个五个地数，剩2个；七个七个地数，剩3个；九个九个地数，剩4个。问这些物品的总数。

【解答】

这道题目，我们画图来表示我们的思路：

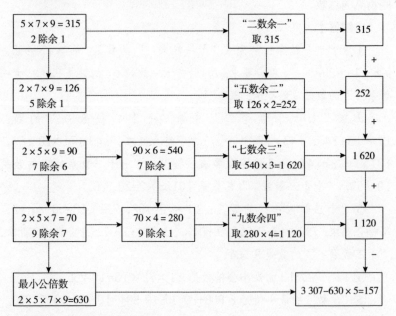

因此，这些物品的总数是157。

4. 韩信点兵 2

难度等级：★★★★☆　　　思维训练方向：演绎思维

有兵一队，若列成每列 5 人纵队，末列 1 人；若列成 6 人纵队，则末列 5 人；若列成 7 人纵队，则末列 4 人；若列成 11 人纵队，则末列 10 人。求至少一共有多少兵？

【解答】

这道题目实际是求解同时满足"被 5 除余 1，被 6 除余 5，被 7 除余 4，被 11 除余 10"的数。大家可以依据"物不知数"题的一般解法，参照上题列表计算，具体运算步骤就不在这里演示了。

这道题的最终答案是：2 111 人。

5. 余米推数

难度等级：★★★★★　　　思维训练方向：演绎思维

【原题】

问有米铺诉被盗米一般三箩，皆适满，不记细数。今左壁箩剩一合，中间箩剩一升四合，右壁箩剩一合。后获贼，系甲、乙、丙三名。

甲称当夜摸得马勺，在左箩满舀入布袋；乙称踢着木屐，在中箩满舀入布袋；丙称摸得漆碗，在右箩满舀入布袋。将归食用，日久不知数。索到三器，马勺满容一升九合，木屐满容一升七合，漆碗满容一升二合。欲知所失米数，计赃结断，三盗各几何？（选自《数书九章》）

【译文】

这道题目实际讲了一个三盗偷米的故事：有一家米铺报案说他们的3箩筐米被偷了，这3个箩筐容量相同，原来都装满了米，但箩筐的容积具体是多少并不清楚，只知道米被偷后左箩筐还剩1合米，中箩筐剩下1升4合米，右箩筐剩下1合米。后来捉到了甲、乙、丙三个贼，甲说他偷米时用马勺从左箩筐中舀了满满几大勺米；乙说他用一支木屐从中箩筐舀了满满几屐米；丙说他用一个漆碗从右箩筐舀了满满几碗米，但是他们各舀了多少次已经记不清楚了。后来找到了那三种容器，马勺的容积是1升9合，木屐的容积是1升7合，漆碗的容积是1升2合。问米铺损失了多少米？每个盗贼各偷了多少米？

【单位换算】

1升 =10合

【解答】

这道题目其实也是一道典型的"物不知数"题，每箩筐的容米量就是我们"不知道的数"，这个数同时符合如下特征（所有的数以合为单位）：被19除余1，被17除余14，被12除余1。根据"物不知数"题的解法，大家可以算出这个数是3 193，即每箩筐能够盛米3 193合。用3 193减去每箩筐剩余的米，便可以求出甲、乙、丙三盗各偷了多少米，甲：3 193-1=3 192（合）；乙：3 193-14=3 179（合）；丙：3 193-1=3 192（合）。将三盗每人偷米的数量相加，便求出了米铺的损失：3 192+3 179+3 192=9 563（合）。

因此，米铺一共损失了9 563合米。甲盗米3 192合，乙盗米3 179合，丙盗米3 192合。

头脑风暴："另类"物不知数题

1. 迷信的渔夫

难度等级：★★★☆☆	思维训练方向：分析思维

渔夫从海上打了大约400条鱼，回家后他发现无论如何分装这些鱼都缺1条：他把鱼每2条装一个袋子，结果缺1条；每3条装一个袋子，还是缺1条；每4条、5条、6条、7条装，都统统缺1条。渔夫感到非常苦恼，他苦恼不仅仅是因为鱼无论怎么分都分不好，更糟糕的是他觉得总是少一条鱼非常不吉利。于是，他决定这个丰产的季节不再出海。渔夫的妻子见丈夫如此迷信，便偷偷到市场上

买了 1 条鱼放到丈夫打的鱼堆中，然后要求丈夫再分一遍。这次，无论渔夫按照每个袋子放 2 条、3 条……还是 7 条，都能恰好把鱼分完，他第二天一早便高高兴兴地出海了。你知道渔夫原本打了多少鱼吗？

2. 数橘树

难度等级：★★★☆☆　　　思维训练方向：分析思维

橘子丰收的季节，学校组织同学们到橘园采摘。橘园里大约有 2 000 棵橘树。但是，同学们无论两两数、三三数、五五数还是七七数都余 1 棵，大家感到很奇怪，你能很快地算出这个橘园一共有多少棵橘树吗？

3. 22 岁的生日

难度等级：★★★☆☆　　　思维训练方向：分析思维

一个人出生于公历 1978 年 1 月 1 日，当天是个周日，那么在他过 22 岁生日那天是周几？

4. 奇怪的三位数

难度等级：★ ★ ★ ☆ ☆ 　　　思维训练方向：还原思维

有一个奇怪的三位数，减去 7 后正好被 7 除尽；减去 8 后正好被 8 除尽；减去 9 后正好被 9 除尽。你猜猜这个三位数是多少?

第三节　盈不足

算题3　多人共车

难度等级：★★★★☆　　　　思维训练方向：演绎思维

【原题】

今有三人共车，二车空；二人共车，九人步[①]。问人与车各几何？（选自《孙子算经》15卷下）

【注释】

①步：步行。

【译文】

今有若干人乘车，每3人同乘一车，最终剩余2辆空车；若每2人同乘一车，最终剩下9人因无车可乘而步行。问有多少人、多少辆车？

【解答】

当我们计数或分配一定数量的事物时，总会遇到这样三种情况：适足、多余、不足。我国古人把这种规律编入算数题，便衍生出我们现在看到一类非常有趣的题目——"盈不足"问题。"盈"意味着"多余""富余"，"不足"即"欠缺""不够"的意思。这类题目尽管繁杂，但是我们聪明的祖先很快便摸索出应对此类题目的解题套路——"盈不足术"。"盈不足术"在西方数学还不发达的年代，被誉为能够孵化"金蛋"的"万能算法"，它不仅可以化繁为简，而且解题的过程也简单、有趣。

依据"盈不足术"，基本的"盈不足"问题都可以表达为：每份分 x_1，余 y_1；每份分 x_2，缺 y_2。求总数，适足时的每份数和份数。

解答此类问题的只需记住 3 个公式：

①总数 $= \dfrac{x_1 y_2 + x_2 y_1}{x_1 - x_2}$

②适足时的每份数 $= \dfrac{x_1 y_2 + x_2 y_1}{y_1 - y_2}$

③适足时的份数 $= \dfrac{y_1 + y_2}{x_1 - x_2}$

你可以画个图，帮助你自己理解和记忆这几个公式：

再背背下面的口诀：

①求总数：交叉相乘，积求和，除以上差。

②求适足每份数：交叉相乘，积求和，除以下和。

③求份数：下和除以上差。

现在我们来用"盈不足术"解答"几人共车"这道题。首先，我们需要整理一下已知条件，将 4 个数量全部换成以人数做单位的量："每车 3 人""每车 2 人""剩余 9 人"不用改动，将"剩余 2 辆车"换成"差 6 个人"。然后如图排列 3、6、2、9 这几个数：

先求车数，车数相当于份数。"求份数：下和除以上差"，（6+9）÷（3−2）=15辆。

知道车数，可直接求乘车的总人数，用每车乘坐的人数 2 乘以车数 15，再加上步行的 9 人，等于 39 人。

因此，一共有 39 个人、15 辆车。

算题4 贼人盗绢1

难度等级：★★★★☆　　　　思维训练方向：演绎思维

【原题】

今有人盗库绢，不知所失几何。但闻草中分绢，人得六匹，盈①六匹；人得七匹，不足②七匹。问人、绢各几何？

（选自《孙子算经》28卷中）

【注释】

①盈：富余、多出。

②不足：缺少。

【译文】

有贼盗窃仓库中的丝绢，不知道仓库损失的具体情况。只听说这些贼分赃的情形是这样的：若每人分得6匹绢，则剩余6匹，若每人分得7匹，则缺7匹。问共有多少个贼？多少匹绢？

【解答】

根据"盈不足"问题的解题套路，先将本题的4个已知量如图排写出来：

求贼的数量，相当于求份数，"求份数：下和除以上差"，（7+6）÷（7-6）=13人。

求绢的数量，相当于求总数，"求总数：交叉相乘，积求和，除以上差"，（6×7+6×7）÷（7-6）=84（匹）。

因此，一共有13个贼、84匹绢。

再操练

1. 贼人盗绢2

难度等级：★★★★☆　　　思维训练方向：演绎思维

【原题】

假如贼人盗绢，各分一十二匹，总多一十二匹；各分一十四匹，总少六匹。问贼人与绢各几何？

（选自《续古摘奇算法》）

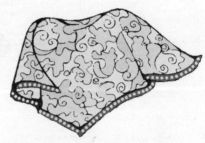

【译文】

假如有贼偷绢，每人分12匹，多余12匹；每人分14匹，缺6匹。问贼数和所偷绢数各是多少？

【解答】

根据"盈不足"问题的解题套路，先将本题的4个已知量如图排写出来：

12 　　14
12 　　6

求贼的数量，相当于求份数，"求份数：下和除以上差"，（12+6）÷（14-12）=9（人）。

求绢的数量，相当于求总数，"求总数：交叉相乘，积求和，除以上差"，（12×6+14×12）÷（14-12）=120（匹）。

因此，有9个贼，他们一共偷了120匹绢。

2. 分棉花糖

难度等级：★★★☆☆　　　思维训练方向：分析思维

星期天，花花家来了很多客人。花花就把自己的棉花糖拿出来给大家分享。如果每人分5颗还少3颗，如果每人分4颗就还剩3颗。

你知道花花家来了多少个客人，花花有多少颗糖吗？

【解答】

根据"盈不足"问题的解题套路，先将本题的4个已知量如图排写出来：

求客人的数量，相当于求份数，"求份数：下和除以上差"，$(3+3) \div (5-4) = 6$人。

求糖的数量，相当于求总数，"求总数：交叉相乘，积求和，除以上差"，$(5 \times 3 + 4 \times 3) \div (5-4) = 27$颗。

因此，花花家一共来了6个客人，花花有27颗棉花糖。

拓展

1. 合伙买猪

难度等级：★★★★☆   思维训练方向：演绎思维

【原题】

今有共买豕[①]，人出一百，盈一百；人出九十，适足。问人数、豕价各几何？（选自《九章算数》）

【注释】

①豕（shǐ）：猪。

【译文】

有几个人合伙买猪，每人出100钱，

富余100钱；每人出90钱，钱正好用尽。问人数和猪的价格各是多少？

【解答】

这道题的特别之处在于出现了"适足"的情况，不过它依然可以按照前面几道"盈不足"题目的思路计算。

首先将题干中的4个数量排布如下：

在"适足"的情况下，既没有"盈"也没有"缺"，因此，用0表示。

先求人数，人数相当于份数，"求份数：下和除以上差"，（100+0）÷（100-90）=10（人）。

根据人数，可以直接计算猪的价格，用"适足"情况下每人的出钱数目90乘以人数10，等于900，所以，猪的价格是900钱。

因此，一共有10人买猪，猪的价格是900钱。

2. 合伙买金

难度等级：★★★★☆　　　　思维训练方向：演绎思维

【原题】

今有共买金，人出四百，盈三千四百；人出三百，盈一百。问人数、金价各几何？（选自《九章算数》）

【译文】

今有几人合伙买金子，每人出400钱，超出实际价格3 400钱；每人出300钱，超出实际价格100钱。问人数和金子的价格各是多少？

【解答】

这道题目的特别之处在于它既不是由"盈"与"不足"组成的，

也不是由"盈"（或"不足"）与"适足"情况组合而成的，它由两次"盈"构成。对于"两盈"或者"两不足"问题，解法与前面的题目稍有不同。

首先还是画图排列已知数量，这一步骤与其他情况相同：

求人数，依然相当于求份数，只是不再用"下和除以上差"，而要用"下差除以上差"：（3 400-100）÷（400-300）=33（人）。

求金子的价格，依然相当于求总数，只不过这一次交叉相乘之后求得的两积不再做加法，而要做减法。也就是说，在"两盈"或者"两不足"情况下，"求总数：交叉相乘，大积减去小积，除以上差"：（3 400×300-400×100）÷（400-300）=9 800（钱）。

因此，一共有33人合伙买金子，金子的价格是9 800钱。

这道题目虽然没有要求我们求每人应出的钱数——也就是"适足每份数"，但是我们也应该顺便了解一下它的算法：在"两盈"或者"两不足"情况下，求适足每份数：交叉相乘，大积减去小积，除以下差。

你注意到了吗，在"两盈"或者"两不足"情况下，原来算法口诀中的所有求和运算都变成求差运算。

算题5 城人分鹿

难度等级：★★★★★　　　　思维训练方向：转化思维

【原题】

今有百鹿入城，家取一鹿，不尽；又三家共一鹿，适①尽。问城中家几何？（选自《孙子算经》29卷下）

【注释】

①适：刚好。

【译文】

现有 100 只鹿进城，如果每家分 1 只鹿，分不完；又让每 3 家分 1 只，鹿刚好分完。问城中共有多少户人家？

【解答】

这并不是一道典型的"盈不足"问题。好在题目中的数量关系其实并不复杂，如果用一般除法，也能求出答案：根据已知，每家先分到 1 只鹿，而后 3 家又平分 1 只，因此，每家实际分到 $1\frac{1}{3}$ 只鹿，用鹿的总头数除以每家分得的数目便可以求出一共有多少户人家：$100÷1\frac{1}{3}=75$（家）。

《孙子算经》把这道题转化成了典型的"盈不足"问题，解法也相当巧妙。

将一般问题转化为"盈不足"的关键步骤是要进行两次假设，通过假设制造"一盈"与"一不足"两种情况，至于假设什么数，是任意的。

在解答这道题目时，《孙子算经》营造了以下两种情况：

①假设城内有 72 户人家，则每家分到的鹿数是：72+72÷3=96（只），100-96=4（只），说明如果有 72 户人家，则最终会剩余 4 只鹿。

②假设城内有90户人家，则每家分到的鹿数是：90+90÷3=120只，120-100=20只，说明如果有90户人家，则最终会缺少20只鹿。

把72、4、90、20四个数量排列如下：

72 ＼ ／ 90
      ╳
4 ／ ＼ 20

虽然，72和90并不是这道题的每份数而是份数，但在解答这类特殊问题时却需要将它们列于每份数的位置，这样求城中实际有多少人家时需要应用普通"盈不足"问题每份数的求解公式："求适足每份数：交叉相乘，积求和，除以下和"。（72×20+90×4）÷（20+4）=75（家）。

因此，城内一共有75户人家。

提示

在古代，"盈不足术"之所以被誉为能够孵化"金蛋"的"万能算法"，就在于它不仅能够解答各类盈亏问题，而且还能通过假设，把特殊应用问题转化为一般形式的盈亏问题，再通用"盈不足术"的固定运算程序得出所求。我们再来练习一道《九章算术》中的题目。

再操练

桶中粮食

难度等级：★★★★★　　　　思维训练方向：转化思维

【原题】

今有米在十斗桶中，不知其数。满①中添粟而舂之，得米②七斗。问故米几何？（选自《九章算术》）

【注释】

①满：填满。

②米：此处指粝米。粝米是一种粗米。

【译文】

容量为10斗的桶中有若干粝米。添满粟然后捣去皮壳加工，得粝米7斗。问桶中原有多少米?

【单位换算】

1斗=10升

粝米：粟=3：5

【解答】

用假设法，构建一般的"盈不足"情况：

①假设原有粝米2斗：则添加的粟的量为10-2=8（斗），8斗粟春捣之后相当于粝米8×3÷5=$\frac{24}{5}$（斗），加上原有的2斗，等于$\frac{34}{5}$斗粝米。比实际情况少7-$\frac{34}{5}$=$\frac{1}{5}$（斗），$\frac{1}{5}$斗=2升。

②假设原有粝米3斗：则添加的粟的量为10-3=7（斗），7斗粟春制之后相当于粝米7×3÷5=$\frac{21}{5}$（斗），加上原有的3斗，等于$\frac{36}{5}$斗粝米。比实际情况多$\frac{36}{5}$-7=$\frac{1}{5}$（斗），$\frac{1}{5}$斗=2升。

把20、2、30、2四个数量排列如下（以"升"为单位）：

在这道题目中，求原来的粝米量，相当于求"盈不足"问题中的每份数，"求适足每份数：交叉相乘，积求和，除以下和"。（20×2+30×2）÷（2+2）=25(升)，25升=2斗5升，桶中原有粝米2斗5升。

因此，桶中原有粝米2斗5升。

拓展

买数学书

难度等级：★★★☆☆   思维训练方向：分析思维

小方和小华到新华书店买《小学数学百问》这本书。一看书的价钱，发现小方带的钱缺 1 分钱，小华带的钱缺 2.35 元。两人把钱合起来，还是不够买一本的。那么，买一本《小学数学百问》到底要花多少元？

【解答】

明明买这本书还缺 1 分钱，小华要是能补上 1 分钱，就能买这本书了。可是小华、明明的钱合起来，仍然买不了这本书，这说明小华连 1 分钱也没带。题中说，小华买这本书缺 2.35 元，因此，2.35 元正好是这本书的价钱。

第四节 河妇荡杯

算题 6 河妇荡杯

难度等级：★★★☆☆　　　思维训练方向：分析思维

【原题】

今有妇人河上荡①杯。津吏问曰："杯何以②多？"妇人曰："家有客。"津吏曰："客几何？"妇人曰："二人共饭，三人共羹，四人共肉，凡用杯65，不知客几何。"

（选自《孙子算经》17 卷下）

【注释】

①荡：洗。

②何以多：为什么这么多。

【译文】

有一个妇女在河里洗碗。管理渡口的官吏问她："怎么有这么多碗？"妇女回答说："我家里来客人了。"官吏问："有几个客人？"妇女回答："每 2 人吃 1 碗饭，每 3 人喝 1 碗汤，每 4 人吃 1 碗肉，共用了 65 个碗。我也不清楚到底有多少客人。"

【解答】

要想求一共有多少人，可以先算一算每个人使用几个碗：

2 人吃 1 碗饭，则每人使用 $\frac{1}{2}$ 个饭碗。

3 人喝 1 碗汤，则每人使用 $\frac{1}{3}$ 个汤碗。

4 人吃 1 碗肉，则每人使用 $\frac{1}{4}$ 个肉碗。

所以，每人一共使用：$\frac{1}{2} + \frac{1}{3} + \frac{1}{4} = \frac{13}{12}$（个碗）。

用总碗数除以每个人使用的碗数便可以求出客人的总数：$65 \div \frac{13}{12}$ =60（位）。

因此，妇女家一共来了60位客人。

再操练

1. 寺僧共餐

难度等级：★★★☆☆　　　　思维训练方向：**分析思维**

【原题】

巍巍古寺在山中，不知寺内几多僧。三百六十四只碗，恰合用尽不差争。三人共食一碗饭，四人共尝一碗羹。请问先生能算者，都来寺内几多僧。（选自《算法统宗》）

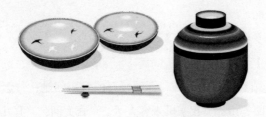

【译文】

山中的古寺里有一些和尚，具体人数不详。吃饭时正好使用了364只碗。已知3个和尚合吃1碗饭，4个和尚共喝1碗汤。问这个寺庙中一共有多少个和尚？

【解答】

根据已知，每人用$\frac{1}{3}$个饭碗、$\frac{1}{4}$个汤碗，每人共用的碗数是：$\frac{1}{3} + \frac{1}{4} = \frac{7}{12}$（个）。用总碗数除以每个和尚使用的碗数便可以求出一共有多少个和尚：$364 \div \frac{7}{12} = 624$（个）。

因此，寺庙中一共有 624 个和尚。

你能再分别计算一下饭碗和汤碗的个数吗？

因为 3 人共用 1 个饭碗，所以饭碗的数量是：$624 \div 3 = 208$（个）。

因为 4 人共用 1 个汤碗，所以汤碗的数量是：$624 \div 4 = 156$（个）。

2. 书生共读

难度等级：★★★☆☆　　　　思维训练方向：分析思维

【原题】

毛诗春秋周易书，九十四册共无余。
毛诗一册三人读，春秋一本四人读，周易
一本五人读。要分每样几多书，就见学生
多少数，请君布算莫踟蹰。（选自《算法
统宗》）

【译文】

《毛诗》《春秋》和《周易》这三种书一共有 94 本。每本《毛诗》
3 人合读，每本《春秋》4 人共读，每本《周易》5 人同读。计算一下
三种书每种各有几本，以及学生的总人数。

【解答】

要想知道三种书每种各有多少，应该先计算出一共有多少学生。

根据已知，3 人读一本《毛诗》，则每人读 $\frac{1}{3}$ 本《毛诗》；4 人读一本《春
秋》，则每人都 $\frac{1}{4}$ 本《春秋》；5 人读一本《周易》，则每人读 $\frac{1}{5}$ 本《周易》。
所以每人读书的总数相当于：$\frac{1}{3} + \frac{1}{4} + \frac{1}{5} = \frac{47}{60}$（本）。因为一共有 94
本书，所以学生的总数等于 $94 \div \frac{47}{60} = 120$（人）。

知道总人数便可以求三种书各有多少本了：

《毛诗》：120÷3=40（本）

《春秋》：120÷4=30（本）

《周易》：120÷5=24（本）

因此，《毛诗》有40本，《春秋》有30本，《周易》有24本，一共有学生120人。

拓展

三猫吃食

难度等级：★★☆☆☆　　　思维训练方向：分析思维

小楠家养了三只猫——白猫、黑猫和花猫，一次她因为要出远门，不得不把这几只猫寄养在邻居家，临走前她买了很多猫粮，这些猫粮如果只给白猫和黑猫吃，够它们吃30天；如果只给白猫和花猫吃，够它们吃24天；如果只给黑猫和花猫吃，只够吃20天。三只猫一起吃这些猫粮一共可以吃多少天？

【解答】

白猫、黑猫一起吃可以吃30天，它俩一天吃$\frac{1}{30}$，

白猫、花猫一起吃可以吃24天，它俩一天吃$\frac{1}{24}$，

黑猫、花猫一起吃可以吃20天，它俩一天吃$\frac{1}{20}$，

所以，这三只猫两天一共吃掉：$\frac{1}{30}+\frac{1}{24}+\frac{1}{20}=\frac{1}{8}$

这三只猫一天一共吃掉：$\frac{1}{8}÷2=\frac{1}{16}$

由此可以分析出：所有猫粮三只猫一起吃，一共可以吃16天。

第五节　三女归宁

算题7　三女归宁

难度等级：★★★☆☆　　　　思维训练方向：分析思维

【原题】

今有三女，长女五日一归，中女四日一归，少女三日一归。问三女几何日相会？（选自《孙子算经》35卷下）

【译文】

某家有三个女儿，大女儿每5天回一趟娘家，二女儿每4天回一趟娘家，小女儿每3天回一趟娘家。问三个女儿多少天能在娘家会合一次？

【解答】

将长女、二女、小女回家的"归日"5、4、3置于右方，在此三数的左边对应写1（表示每5、4、3天回家一次）。将5、4、3三数分别相乘，即求得"到数"（每次会合前三女各自归家的次数）：大女儿4×3=12到，二女儿5×3=15到，小女儿5×4=20到。再分别用归日乘以到数，即可求出三女多少日会合一次：

大女儿：5×12=60（日）

二女儿：4×15=60（日）

小女儿：3×20=60（日）

因此，三个女儿每60天能在娘家相会一次。

提示

　　以上是本题的古算解法，相信你已经看出了，它的本质就是在求三女"归日"的最小公倍数，也就是求5、4、3的最小公倍数。

再操练

跑马相遇

难度等级：★★★☆☆　　　　思维训练方向：分析思维

在一个赛马场里，A马1分钟可以跑2圈，B马1分钟可以跑3圈，C马1分钟可以跑4圈。请问：如果这3匹马同时从起跑线上出发，几分钟后，它们又相遇在起跑线上？

【解答】

　　根据已知，可以求出A马跑一圈用30秒钟，B马跑一圈用20秒钟，C马跑一圈用15秒钟，也就是说，A马每30秒钟回一次起跑线，B马20秒钟回一次起跑线，C马15秒钟回一次起跑线。因此，求出30、20、15的最小公倍数也就求出了三匹马在起跑线再次相遇的时间。

30、20、15 的最小公倍数是 60，因此，1 分钟（60 秒）后，三匹马又相遇在起跑线上。

拓展

1. 封山周栈

难度等级：★★★★☆　　　　**思维训练方向：分析思维**

【原题】

今有封山周栈①三百二十五里，甲、乙、丙三人同绕周栈而行，甲日行一百五十里，乙日行一百二十里，丙日行九十里。问周向几何日会？（选自《章丘建算经》）

【注释】

①封山周栈：环山栈道。

【译文】

现有环山栈道周长 325 里，甲、乙、丙三人绕环山栈道而行，甲每天走 150 里，乙每天走 120 里，丙每天走 90 里。如果一直保持如此速度行走下去，问从同一点出发多少天后三人再次相遇在出发点？

【解答】

先求甲、乙、丙三人环栈道一周所需天数，甲：$\frac{325}{150}=\frac{13}{6}$（天），乙：$\frac{325}{120}=\frac{65}{24}$（天），丙：$\frac{325}{90}=\frac{65}{18}$（天），也就是说甲每 $\frac{13}{6}$ 天回一次出发点，乙 $\frac{65}{24}$ 天回一次出发点，丙 $\frac{65}{18}$ 天回一次出发点。根据"三女归宁"题的解法，求出 $\frac{13}{6}$、$\frac{65}{24}$、$\frac{65}{18}$ 三数的最小公倍数即可求出甲、乙、丙再次相遇于出发点的时间。

需要注意的是分数的最小公倍数求法与整数最小公倍数求法不同，需要先求出几个分数分子的最小公倍数，再用它除以分母的最大公约数。对于这道题，分子 13、65、65 的最小公倍数是 65，分母 6、24、18 的最大公约数是 6，用 65 除以 6 得 $10\frac{5}{6}$。

因此，$10\frac{5}{6}$ 天之后甲、乙、丙三人将再次相会于出发点。

2. 三兵巡营

难度等级：★★★★★	思维训练方向：分析思维

【原题】

今有内营七百二十步，中营九百六十步，外营一千二百步。甲、乙、丙三人执夜，甲行内营，乙行中营，丙行外营，俱①发南门。甲行九，乙行七，丙行五。问各行几何周，俱到南门？（选自《章丘建算经》）

【注释】

①俱：一起，共同。

【译文】

现有一兵营，内营周长 720 步，中营周长 960 步，外营周长 1 200 步。甲、乙、丙三人夜间执勤，甲绕内营而行，乙绕中营而行，丙绕外营而行，一起从南门出发。单位时间内甲行走 9 步，乙行走 7 步，丙行走 5 步。问这样匀速行走各多少周三人将再次相遇于南门。

【解答】

首先，还是应该先求出甲、乙、丙三人各自沿内、中、外营环绕一周所需要的时间，甲：$\frac{720}{9\times240}=\frac{1}{3}$（日），乙：$\frac{960}{7\times240}=\frac{4}{7}$（日），

丙 $\frac{1200}{5 \times 240}$ =1（日），这里将甲、乙、丙三人的行走速率各乘240是为了将分子约分化简，9、7、5三数只表示单位时间内行走路程的比率，所以乘以多少都不会影响结果。现在，可知甲每 $\frac{1}{3}$ 日回一次南门，乙每 $\frac{4}{7}$ 日回一次南门，丙每1日回一次南门。

然后，求 $\frac{1}{3}$、$\frac{4}{7}$、1 的最小公倍数，分子1、4、1的最小公倍数是4，分母3、7、1的最大公约数是1，4除以1等于4，甲、乙、丙三人4天后再次相会于南门。

最后，用4天分别除以甲、乙、丙行走一圈所需时间，即可求出甲、乙、丙相会之时所走的周数，甲：4÷ $\frac{1}{3}$ =12（周），乙：4÷ $\frac{4}{7}$ =7（周），丙：4÷1=4（周）。

甲行12周，乙行7周，丙行4周之后，三人在南门相遇。

头脑风暴：有趣的行程问题

1. 小猫跑了多远

| 难度等级：★★★☆☆ | 思维训练方向：转化思维 |

同同和苏苏出去玩，苏苏带了一只小猫先出发，10分钟后同同才出发。同同刚一出门，小猫就向他跑过来，到了同同身边后马上又返回到苏苏那里，就这么往返地跑着。如果小猫每分钟跑500米，同同每分钟跑200米，苏苏每分钟跑100米的话，那么从同同出门一直到追上苏苏的这段时间里，小猫一共跑了多少米？

2. 兔子追不上乌龟

难度等级：★★★☆☆　　　思维训练方向：判断思维

有一次乌龟和兔子又要比赛谁跑得快。乌龟对兔子说：你的速度是我的 10 倍，每秒跑 10 米。如果我在你前面 10 米远的地方，当你跑了 10 米时，我就向前跑了 1 米；你追我 1 米，我又向前跑了 0.1 米；你再追 0.1 米，我又向前跑了 0.01 米……以此类推，你永远要落后一点点，所以你别想追上我了。

乌龟说得对吗？

3. 乌龟和青蛙的赛跑

难度等级：★★★☆☆　　　思维训练方向：分合思维

乌龟自从和兔子赛跑输了以后，就发誓再也不和兔子比赛了，改和青蛙进行 100 米比赛。结果，乌龟以 3 米之差取胜，也就是说，乌龟到达终点时，青蛙才跑了 97 米。青蛙有点不服气，要求再比赛一次。这一次乌龟从起点线后退 3 米开始起跑。假设第二次比赛乌龟和青蛙的速度保持不变，谁赢了第二次比赛？

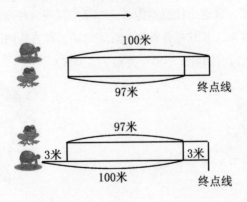

4. 比较船速

你是否思考过这个问题：船在固定水域逆流而上然后顺流而下所使用的时间是否与它在静水中行驶一个来回的时间相等？

5. 轮胎如何换

有一个做长途运输的司机要出发了。他用作运输的车是三轮车，轮胎的寿命是 10 000 千米，现在他要进行 25 000 千米的长途运输，计划用 8 个轮胎就完成运输任务，怎样才能做到呢？

第三章　数字魔方转转转

导语：数字谜题巧妙算

在这一章，你将看到《孙子算经》谈及的四类计算问题：约分、乘方、开方和方程运算。可能你早已从学校教育中积累了这样的感受——这些内容简单而枯燥，但是读了这一章，你会发现神奇的数字魔方可以组合出新的、有趣的、令你难以置信的色彩和图案。古代的约分法有什么特别之处？乘方运算如何改变了古人对世界的认识？古人是如何在没有任何电子计算工具的帮助下给任意数口算开方的？古代方程与今天的方程存在怎样的差异？当你找到这几个问题的答案时，你会发现自己已经获得了更加充沛的思维能量。

第一节　千年前的约分术

算题8　约分

难度等级：★★★☆☆　　　思维训练方向：计算思维

【原题】

今有一十八分之一十二。问约之得几

何？（选自《孙子算经》1卷中）

【译文】

$\frac{12}{18}$ 约分得多少？

【解答】

$\frac{12}{18}$ 约分得 $\frac{2}{3}$。

你一定觉得这道题已经简单得没有练习的必要了。的确，对于数学运算能力被大大开发的现代人来说，解答这个问题易如反掌。不过，《孙子算经》提供给这道题的解答方法却与我们现在惯用的方法不同，非常值得一提。

《孙子算经》是这样描述这道题目的解法的："置一十八分在下，一十二分在上。副置二位，以少减多，等数得六，为法。约之，即得。"这几句话的大致意思是：在分数 $\frac{12}{18}$ 中，分母18在下，分子12在上。约分时重新安排分子、分母的位置（多将两数并排放置），从较大的数18中减去较小的数12，求出最大公约数6，以6作为除数，分别去除18和12，所得结果即为所求。

你一定有些疑惑：答案尽管正确，可是这么做是否科学呢？怎么能用减法求最大公约数呢？其实，《孙子算经》提供的这种相减约分法是非常科学的，甚至现代的一些数学家都更倾向于用它，而不是我们今天惯常使用的方法来解答一般的约分问题。《孙子算经》的这道例题因为数字太简单，因此并没有把古代的相减约分法阐述清楚。这种相减约分法的"学名"是"更相减损法"，"更相减损"是指在求两数的最大公约数时，不断用两数以及两数差中的大数去减相对较小的数，直到最后得出一个相等差，这个差叫"等数"，也就是我们今天所称的"最大公约数"。

我们将这道题的"更相减损"过程演算出来是这样的：

18   12

18-12=6   12-6=6

 提示

$\frac{12}{18}$ 的分子分母只"更相减损"了一次便得到了"等数"6，所以没能淋漓尽致地展现古代算数约分算法的精髓，下面我们来看几道计算过程稍复杂些的约分题。

再操练

1. 用古代算法为$\frac{49}{91}$约分

难度等级：★★★☆☆   思维训练方向：计算思维

【原题】

九十一分之四十九。问约之得几何。（选自《九章算术》）

【译文】

$\frac{49}{91}$约分得多少？

【解答】

先依照更相减损法，求 91 和 49 的最大公约数，运算过程如下：

91	49
91−49=42	49−42=7
42−7=35	
35−7=28	
28−7=21	
21−7=14	
14−7=7	

要想求 91 和 49 的最大公约数，先将两数分列。从大数 91 中减去小数 49，差为 42；再从 49 中减去小数 42，等于 7；进而从 42 中连减 5 个 7，直到差等于 7 为止。7 便是 91 和 49 的等数——也即最大公约数。

用 7 分别去约简分母 91 和分子 49，约分的结果是 $\frac{7}{13}$。

因此，$\frac{49}{91}$ 约分得 $\frac{7}{13}$。

2. 用古代算法为 $\frac{18}{120}$ 约分

难度等级：★★★☆☆	思维训练方向：计算思维

【解答】

首先，用"更相减损法"求"等数"

120	18
120−18×6=12	18−12=6
12−6=6	

6 即是 120 和 18 的"等数"，用它来约简

$$\frac{18}{120} = ?$$

原分数，得 $\frac{3}{20}$。

3. 用古代算法为 $\dfrac{10\,227}{27\,759}$ 约分

难度等级：★★★☆☆　　　思维训练方向：计算思维

【解答】

首先，用"更相减损法"求"等数"

27 759	10 227
27 759−10 227×2=7 305	10 227−7 305=2 922
7 305−2 922×2=1 461	2 922−1 461=1 461

1 461 即是 27 759 和 10 227 的"等数"，用它来约简原分数，

得 $\dfrac{7}{19}$。

$$\frac{10227}{27759} = ?$$

第二节　能量巨大的乘方运算

算题9　计算 81^2

难度等级：★★☆☆☆　　　思维训练方向：计算思维

【原题】

九九八十一，自相乘，得几何？

（选自《孙子算经》16卷上）

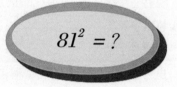

$$81^2 = ?$$

【译文】

81^2（即 81×81）是多少？

【解答】

$81^2 = 6\ 561$

"81 自相乘"，其实就是求 81 的平方数。这类题目在《孙子算经》中反复出现，可见古人已经意识到乘方运算的重要。至于如何进行乘方运算，《孙子算经》并未给出具有创见性的巧妙方法。一个数的平方运算与一般的两数乘法相同，也是采用乘法口诀与数筹演算相结合的形式。

在第一章，我们已经分步骤详细讲解了 81×81 的筹算方法，如果你希望再看一遍，可以翻回 P23。

算题 10 棋盘格几何

难度等级：★★☆☆☆　　　思维训练方向：图像思维

【原题】

今有棋局方①一十九道。问用棋几何？

（选自《孙子算经》5 卷下）

【注释】

①方：正方形。

【译文】

现有一个纵横各 19 道线的正方形围棋棋盘。问这个棋盘上最多能放多少枚棋子？

【解答】

因为围棋棋子需要放在纵横线的"结点"上，因此，计算这个棋盘能放多少枚棋子，只要计算纵横线相交一共能够产生多少个交点就可以了。

19×19=361（枚）

因此，这个棋盘最多能放 361 枚棋子。

> **提示**
>
> 其实，上述计算过程也就相当于求 19^2。

拓展

1. 有趣的棋盘

难度等级：★★★★☆　　　思维训练方向：图像思维

下图是一个棋盘，棋盘上放有 6 枚棋子，请你再在棋盘上放 8 枚棋子，使得：

①每条横线上和竖线上都有3枚棋子。

②9个小方格的边上都有3枚棋子。

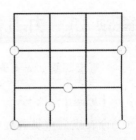

【解答】

正确的摆法如下图所示：

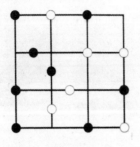

2. 必胜的方法

难度等级：★★★★☆　　　　思维训练方向：图像思维

两个人在围棋盘上轮流放棋子，一次只能放一枚，要求棋子之间不能重叠，也不能越过棋盘的边界，棋盘上再也不能放下一枚棋子时，游戏结束。谁放下了最后一枚棋子，谁获胜。

如果你先放棋子，有没有确保必胜的秘诀？

【解答】

第一枚棋子放在棋盘的正中间，也就是围棋盘的天元上。此后无论对方在中心点之外选取哪一点放棋子，你都可以以中心点为对称中心，找到另一个对称点。这样，只要对方能找到放棋子的位置，你同样也能找到相应的放置位置。因此，你必能获胜。

算题 11 九九数歌

难度等级：★★★★☆   思维训练方向：图像思维

【原题】

今有出门望见九堤。堤有
九木，木有九枝，枝有九巢，
巢有九禽，禽有九雏，雏有九
毛，毛有九色。问各几何？（选
自《孙子算经》34 卷下）

【译文】

今有人出家门望见 9 座堤坝。每座堤坝上有 9 棵树，每棵树有 9
根树枝，每根树枝上有 9 个鸟巢，每个鸟巢里有 9 只大鸟，每只大鸟
都养着 9 只小鸟，每只小鸟有 9 根毛，并且每根毛呈现出 9 种不同的
颜色。问一共有多少棵树，多少根树枝，多少个鸟巢，多少只大鸟，
多少只小鸟，多少根羽毛，多少种毛色？

【解答】

树：9^2=81（棵）

枝：9^3=729（根）

巢：9^4=6 561（个）

禽：9^5=59 049（只）

雏：9^6=531 441（只）

毛：9^7=4 782 969（根）

色：9^8=43 046 721（种）

因此，一共有 81 棵树，729 根树枝，6 561 个鸟巢，59 049 只大鸟，
531 441 只小鸟，4 782 969 根羽毛，43 046 721 种毛色。

这是一道典型的逐级乘方运算题，若干个貌不惊人的"9"，经过
7 次"自相乘"，竟然得出了"千万大数"（43 046 721）。想想看，

几千万种不同的羽毛颜色一定非常绚丽吧！

提示

怎么样，乘方运算的能力不可估量吧，8个9连乘竟然得出了数值千万的"大数"！下面的拓展题将让你进一步领略乘方运算的"大数效应"。

拓展

1.《孙子算经》中的大数

难度等级：★★★★☆　　　　　**思维训练方向：数字思维**

【原文】

凡大数之法，万万曰亿，万万亿曰兆，万万兆曰京，万万京曰垓（gāi），万万垓曰秭（zǐ），万万秭曰壤，万万壤曰沟，万万沟曰涧，万万涧曰正，万万正曰载。（选自《孙子算经》3卷上）

【译文】

大数的称谓方法如下：一万个"万"是"亿"，一亿个"亿"是"兆"，一亿个"兆"是"京"，一亿个"京"是"垓"，一亿个"垓"是"秭"，一亿个"秭"是"壤"，一亿个"壤"是"沟"，一亿个"沟"是"涧"，一亿个"涧"是"正"，一亿个"正"是"载"。

《孙子算经》3卷上的这段文字其实并不是一道问题，它记载了古人对数，特别是对"大数"的认识。用现在的阿拉伯数字表示这些大数，是这样的：

万 $=10^4$ 亿 $=10^8$ 兆 $=10^{16}$ 京 $=10^{24}$ 垓 $=10^{32}$ 秭 $=10^{40}$

壤 $=10^{48}$ 沟 $=10^{56}$ 涧 $=10^{64}$ 正 $=10^{72}$ 载 $=10^{80}$

由此可见，古人所谓的"大数"始于万万——也就是亿，经"兆""京""垓"等数位到达"载"，载有多大呢？写一个"1"在它的后面连写80个"0"便是"一载"了。从这些逐级递增的"大数"，我们可以想象《孙子算经》成书之时，我国古人对数或者说对宇宙的认识已经达到了相当的深度。

2. 最大的数

难度等级：★★☆☆☆　　　思维训练方向：数字思维

用3个9所能写出的最大的数是什么？

9的9次方的9次方。这个数等于多少，至今还没有人计算过。

3. 疯狂的艺术家

难度等级：★★☆☆☆　　　思维训练方向：数字思维

一位疯狂的艺术家为了寻找灵感，把一张厚为0.1毫米的很大的纸对半撕开，重叠起来，然后再撕成两半叠起来。假设他如此重复这一过程25次，这叠纸会有多厚？

A. 像山一样高

C. 像一栋房子一样高

B. 像一个人一样高

D. 像一本书那么厚

【解答】

选 A。

0.1 毫米 $\times 2^{25}$=3 355 443.2 毫米 =3 355.4 432 米

三千多米可是一座大山的高度了！

4. 戒烟的妙法

难度等级：★★☆☆☆　　　　思维训练方向：数字思维

你想戒烟吗？告诉你一个办法，保证能戒掉烟。

一包烟有 20 根，请你点燃第一根香烟，抽完后，1 秒后点第二根香烟。抽完第二根后，过 2 秒再点燃第三根。抽完第三根后，等 4 秒后点第四根。之后等 8 秒，如此下去，每次等待的时间加倍就行。只要你遵守规则，我保证，抽不完两包烟，你就能戒掉烟。想知道为什么吗？

【解答】

只需要算一算第 39 根香烟后要等多久才能抽第 40 根香烟，即可知晓。要等的时间为 2^{39} ＝ 536 870 912（秒）＝ 149 130.8（小时）＝ 6 213.8（天），差不多 17 年了。能在这么长的时间不抽烟，想不戒怕不成吧！

头脑风暴：乘方戏法

1. 巧算平方数

难度等级：★★★☆☆　　　　思维训练方向：计算思维

诚诚今年才上小学二年级，但是他可以很快地计算出 85×85 和 95×95 这样的大数乘法题，你知道他的秘诀吗？

81

2. 让错误的等式变正确

难度等级：★★★☆☆　　　思维训练方向：计算思维

62-63=1 是个错误的等式，能不能移动一个数字使得等式成立？移动一个符号让等式成立又应该怎样移呢？

$$62-63=1$$

3. 万能的 2^n

难度等级：★★★☆☆　　　思维训练方向：计算思维

灵巧的裁缝手中有 8 块神奇的布，它们分别长 1 厘米、2 厘米、4 厘米、8 厘米、16 厘米、32 厘米、64 厘米和 128 厘米，这几块布可以保证裁缝从中选取若干块就能拼接出 355 厘米之内的所有长度（整厘米数）。在大家对裁缝和他的布大加称赞之时，裁缝却说这一切都应归功于万能的 2^n，你知道这是怎么回事吗？

4. 设计尺子

有一把 6 厘米的短尺子，上面有 3 个数字刻度被磨掉了，但是，只要有 4 个数字刻度还在，它就依然可以测量 1~6 厘米长的物体，你知道是哪 4 个数字刻度吗？

5. 第 55 天的花圃

花圃里的爬山虎爬得很快，每天增长一倍，只要 56 天便可以覆盖整个花圃。那么，第 55 天时，花圃被覆盖了多少？

第三节　口算开平方

算题 12　给 234 567 开方

难度等级：★★★★★　　思维训练方向：计算思维

【原题】

今有积二十三万四千五百六十七步。问为

方几何？（选自《孙子算经》19 卷中）

【译文】

现有面积为 234 567 平方步的正方形，求

它的边长是多少？

【解答】

这道题的实质是给 234 567 开平方。

现在如果我问你："你会给任意数开平方吗？"相信你多半会捧着计算器自信满满地回答——"这有什么难的，我有它呢！"不过假如不给你提供任何电子计算工具，只允许你使用笔和纸，你还能完成这项任务吗？

中国古人在没有电脑、计算器，甚至连阿拉伯数字为何物都不知道的情况下，便能熟练地进行开方运算了，这般功夫着实令我们这些现代人惊羡。

下面，我们就来跟古人学一学"手动"开方法。

古人的开方法蕴含一种宝贵的思维模式：数形结合。他们把数字和图形结合在一起，用形象的图形辅助解答抽象的数字问题，在古人看来，给一个数开方，就相当于已知正方形的面积求其边长。

在给 234 567 开方前,让我们先来学习一下古人如何给 361 开平方:

给 361 开平方,先画一个正方形 ABCD。然后估算 361 平方根的第一位数字,因为 361 大于 100、小于 400,因此,它的平方根应该在 10 到 20 之间,也就是说 361 平方根第一位(十位)上的数字应该是 1。361-100=261,接下来我们根据 261 来确定 361 平方根第二位(个位)上的数字,这时我们就需要借助之前画的正方形了。

在正方形 ABCD 的 AB 边上取一点 E,令 AE=a=10,EB=b,做小正方形 AEFG,它的边长是 a=10,面积是 a^2=100。从大正方形 ABCD 中挖去小正方形 AEFG,剩下的面积是 361-100=261,它由三部分构成:

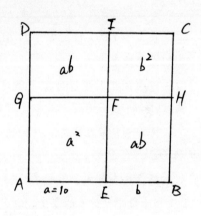

正方形 FHCI,它的面积是 b^2。

长方形 DIFG 和长方形 FHBE,它们的面积都是 ab。

由此,我们可以列出下面这个等式:$b^2+2ab=261$

将 a=10 带入等式,b(b+20)=216

根据这个等式,我们在 1~9 这 9 个数字间估计 b 的值。它大致应该等于 8 或 9 这两个比较大的数字,分别带入等式检验一下,发现当 b=9 时,等式成立。这也就意味着 361 平方根个位上的数字是 9,而面积为 361 的正方形 ABCD 的边长是 19。由此可知,361 的平方根等于 19。

现在我们来给 234 567 开方:

我们依然使用数形结合的方法,先画一个正方形 ABCD。估计 234 567 平方根第一位(百位)上的数字,因为 234 567 小于 250 000、大于 160 000,因此,平方根的取值范围应该在 400 到 500 之间,这也就意味着 234 567 平方根第一位(百位)上的数字应该是 4。

234 567-160 000=74 567

接下来我们根据 74 567 确定 234 567 平方根第二位（十位）上的数字。在我们刚才画的正方形 ABCD 的 AB 边上取一点 E，AE=a=400，EB=b。做正方形 AEFG，它的边长是 a=400，面积 a^2=160 000，从大正方形 ABCD 中挖去正方形 AEFG，剩下的面积是 234 567-160 000=74 567，它由三部分构成：

正方形 FHCI，它的面积是 b^2。

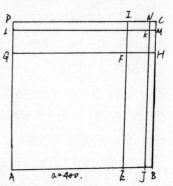

长方形 DIFG 和长方形 FHBE，它们的面积都是 ab。

由此，我们可以列出下面这个等式：b^2+2ab=74 567。

将 a=400 带入等式，b（b+800）=74 567。

根据这个等式，我们在 10~90 这 9 个整十数中估计 b 的取值。它大致应该等于 80 或 90 这两个比较大的数，但是，分别将这两个数带入等式检验后发现，它们都无法使等式成立，当 b=80 时，b(b+800)=70 400<74 567；而当 b=90 时，b(b+800)=80 100>74 567。由此可知，80<a<90，我们在 234 567 平方根的第二位（十位）上取数字 8。74 567-70 400=4 167。

接下来我们根据 4 167 来确定 234 567 平方根第三位（个位）上的数字。在正方形 ABCD 的 AB 边上取一点 J（J 在 E、B 两点之间），AJ=c=AE+EJ=480，JB=d。做正方形 AJKL，它的边长是 a=400，面积 a^2=160 000，从大正方形 ABCD 中挖去小正方形 AJKL，剩下的面积是 74 567-70 400=4 167，它由三部分构成：

正方形 NCMK，它的面积是 b^2。

长方形 DNKL 和长方形 KMBJ，它们的面积都是 cd。

由此，我们可以列出下面这个等式：d^2+2cd=4 167。

将 c=480 带入等式，d（d+960）=4 167。

根据这个等式，我们在 1~9 这 9 个整数中估计 d 的取值。它大致应该等于 4 或 5，分别带入等式检验一下，当 $d=4$ 时，$d(d+960)=3\ 856<4\ 167$；而当 $d=5$ 时，$d(d+960)=4\ 835>4\ 167$，已经超出了大正方形 $ABCD$ 的面积。据此，我们在 234 567 平方根的第三位（个位）上取数字 4。$4\ 167-3\ 856=311$。

234 567 直到它平方根的个位依然没有开尽，《孙子算经》最终给出的答案是 $484\dfrac{311}{968}$，其实这只是一个近似值，在确定分数部分时，古人依然用上述方法，在正方形 $ABCD$ 之内做一个边长为 $e=484$ 的正方形，设 $f=AB-e$，重复上述推导过程得出等式 $f(f+968)=311$，$f=311\div(f+968)$，因为 f 与 968 相比太小了，所以，古人在除数中便把它忽略掉，最终求得 $f=\dfrac{311}{968}$，加上整数部分，最终 234 567 的平方根近似等于 $484\dfrac{311}{968}$。

第四节　古代方程

算题13　二人持钱

难度等级：★★★☆☆　　　思维训练方向：计算思维

【原题】

今有甲、乙二人，持钱各不知数。甲得乙中半[1]，可满四十八。乙得甲大半[2]，亦满四十八。问甲、乙二人原持钱各几何？（选自《孙子算经》28卷下）

【注释】

①中半：二分之一。

②大半：三分之二。

【译文】

现有甲、乙两人，所带钱数量不详。甲若得到乙所带钱的一半，钱数便达48。乙若得到甲所带钱的 $\frac{2}{3}$，拥有的钱数也将达到48。问甲、乙二人原来各带了多少钱?

【解答】

根据已知列方程组：

$$\begin{cases} 甲 + \frac{1}{2}乙 = 48 ① \\ 乙 + \frac{2}{3}甲 = 48 ② \end{cases}$$

将①×4，②×6

$$\begin{cases} 4甲 + 2乙 = 192 ③ \\ 4甲 + 6乙 = 288 ④ \end{cases}$$

用④－③

4 乙 =96

乙 =96÷4=24

将乙所有钱数带入①，甲 =36。

因此，甲所带钱数是36，乙所带钱数是24。

算题14　三人持钱

难度等级：★★★★☆　　　思维训练方向：计算思维

【原题】

今有甲、乙、丙三人持钱。甲
语乙、丙："各将公等所持钱半以
益①我钱，成九十。"乙复语甲、
丙："各将公等所持钱半以益我
钱，成七十。"丙复语甲、乙：
"各将公等所持钱半以益我钱，成
五十六。"问三人元②持钱各几何？

（选自《孙子算经》26卷中）

【注释】

①益：给，增补。

②元：原来。

【译文】

甲、乙、丙三人各带了一些钱。甲对乙和丙说："如果你们两位
各拿出自己的钱的一半给我，那么我的钱数将为90。"乙对甲、丙
说："如果你们两位各拿出自己的钱的一半给我，那么我的钱数将为
70。"丙对甲、乙说："如果你们两位各拿出自己的钱的一半给我，
那么我的钱数将为56。"问甲、乙、丙三人原来各带了多少钱？

【解答】

《孙子算经》在解答这道题目时使用了方程法。不过需要说明的是，古算方程与今天的方程还是存在很大差异的。古算方程的类型比较单一，大致相当于今天的多元一次方程组——通过对若干未知数的系数进行不断调整，消去其余未知数，只保留关于一个未知数的等式，之后求解这个未知数，最后再通过这个已经求出的未知数，逐步推解其余未知数。

下面，我们来实际操练一下这道题目，以此感知古算方程的巧妙内涵。

根据题目描述的未知数间的关系，列方程组如下：

$$\begin{cases} 甲 + \dfrac{1}{2}(乙+丙)=90 \\ 乙 + \dfrac{1}{2}(甲+丙)=70 \\ 丙 + \dfrac{1}{2}(甲+乙)=56 \end{cases}$$

将此三式分别乘以 $\dfrac{3}{2}$ 将此三式分别乘以 $\dfrac{1}{2}$

$$\begin{cases} \dfrac{3}{2}甲 + \dfrac{3}{4}(乙+丙)=135 \ ① \\ \dfrac{3}{2}乙 + \dfrac{3}{4}(甲+丙)=105 \ ② \\ \dfrac{3}{2}丙 + \dfrac{3}{4}(甲+乙)=84 \ ③ \end{cases}$$
$$\begin{cases} \dfrac{1}{2}甲 + \dfrac{1}{4}(乙+丙)=45 \ ④ \\ \dfrac{1}{2}乙 + \dfrac{1}{4}(甲+丙)=35 \ ⑤ \\ \dfrac{1}{2}丙 + \dfrac{1}{4}(甲+乙)=28 \ ⑥ \end{cases}$$

用③－④－⑤：

$\dfrac{3}{2}丙 + \dfrac{3}{4}甲 + \dfrac{3}{4}乙 - \dfrac{1}{2}甲 - \dfrac{1}{4}乙 - \dfrac{1}{4}丙 - \dfrac{1}{2}乙 - \dfrac{1}{4}甲 - \dfrac{1}{4}丙 = 84 - 45 - 35$

丙 $=4$

用②－④－⑥：

$\dfrac{3}{2}乙 + \dfrac{3}{4}甲 + \dfrac{3}{4}丙 - \dfrac{1}{2}甲 - \dfrac{1}{4}乙 - \dfrac{1}{4}丙 - \dfrac{1}{2}丙 - \dfrac{1}{4}甲 - \dfrac{1}{4}乙 = 105 - 45 - 28$

乙 =32

用①－⑤－⑥：

$$\frac{3}{2}甲+\frac{3}{4}乙+\frac{3}{4}丙-\frac{3}{2}乙-\frac{3}{4}甲-\frac{3}{4}丙-\frac{3}{2}丙-\frac{3}{4}甲-\frac{3}{4}乙=135-$$

35－28

甲 =72

因此，三人的钱数分别是甲 72、乙 32、丙 4。

提示

古人用方程计算时是不设未知数 x、y、z……的，他们只用算筹摆出未知项的系数，然后针对系数运筹帷幄。为了贴合现代人的思维方式，下面的一些题目，我们采用标注未知数的方式，以便大家更透彻地理解古代方程的计算方式。

再操练

1. 买卖牲畜

难度等级：★★★★☆　　　　**思维训练方向：计算思维**

【原题】

今有卖牛二、羊五，以买十三豕，有余钱一千。卖牛三、豕三，以买九羊，钱适足。卖羊六、豕八，以买五牛，钱不足六百。问牛、羊、豕价各几何？（选自《九章算术》）

【译文】

今有人卖 2 头牛、5 只羊，用

所得的钱买 13 头猪，还剩下 1 000 钱。如果卖 3 头牛、3 头猪，用所得的钱买 9 只羊，收支刚好持平。如果卖 6 只羊，8 头猪，用所得的钱买 5 头牛，就会缺 600 钱。问牛、羊、猪的价格各是多少？

【解答】

根据已知列方程组

$$\begin{cases} 2\,牛 +5\,羊 =13\,猪 +1\,000 \\ 3\,牛 +3\,猪 =9\,羊 \\ 6\,羊 +8\,猪 =5\,牛 -600 \end{cases}$$

参考上面两道《孙子算经》方程题的解法，请你尝试用消去法独立求解这个方程组，最终的解是：

$$\begin{cases} 牛 =1\,200 \\ 羊 =500 \\ 猪 =300 \end{cases}$$

因此，一头牛的价格是 1 200 钱，一只羊的价格是 500 钱，一头猪的价格是 300 钱。

2. 受损的禾苗

难度等级：★★★★☆　　　**思维训练方向：计算思维**

【原题】

今有上禾五秉，损实一斗一升，当下禾七秉。上禾七秉，损实二斗五升，当下禾五秉。问上、下禾一秉各几何？（选自《九章算术》）

【译文】

今有上等禾苗 5 秉，损失 1 斗 1 升禾实之后，相当于 7 秉下等禾苗的禾实量。7 秉上等禾苗，损实 2 斗 5

升禾实后，相当于5秉下等禾苗的禾实量。问上、下两等禾苗每秉各有多少禾实？

【单位换算】

1 斗 =10 升

【解答】

根据已知列方程组：

$$\begin{cases} 5\text{上禾} -11=7\text{下禾} \\ 7\text{上禾} -25=5\text{下禾} \end{cases}$$

用消去法解方程后得：

$$\begin{cases} \text{上禾} =5\text{升} \\ \text{下禾} =2\text{升} \end{cases}$$

因此，上等禾苗每秉有禾实 5 升，下等禾苗每秉有禾实 2 升。

3. 文具的价格

难度等级：★★★☆☆　　　　思维训练方向：计算思维

2 支圆珠笔和一块橡皮是 3 元钱，4 支钢笔和一块橡皮是 2 元钱，3 支铅笔和 1 支钢笔再加上一块橡皮是 1.4 元钱。那么，每种文具各一个加在一起是多少钱？

【解答】

假设铅笔 $=x$，钢笔 $=y$，圆珠笔 $=z$，橡皮 $=q$，可以得出：

$$\begin{cases} 2z+1q=3 \quad ① \\ 4y+1q=2 \quad ② \\ 3x+1y+1q=1.4 \end{cases}$$

①×1.5，②×2，可以得出：

$$\begin{cases} 3z+1.5q=4.5 \\ 2y+0.5q=1 \\ 3x+1y+1q=1.4 \end{cases}$$

把三者加起来是 $3x+3y+3z+3q=6.9$

由此可得 $x+y+z+q=2.3$

因此，每种文具各一个加在一起是 2.3 元钱。

拓展

1. 符号与数字

难度等级：★★★★★　　　思维训练方向：计算思维

图中每一种符号代表一定的数值，图标上方的 4 个数字分别代表它们所对应列的数字之和，图标右方的 4 个数字分别代表它们所对应行的数字之和。问右侧问号处应该是什么数字？

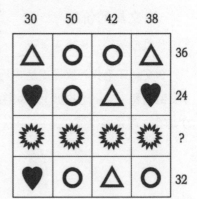

【解答】

先根据每行符号与数字间的对应关系列方程：

$2\triangle+2\bigcirc=36$ ①

$2\heartsuit+\triangle+\bigcirc=24$ ②

$\heartsuit+\triangle+2\bigcirc=32$ ③

②×2−①：

$4\heartsuit=12$

$\heartsuit=3$

94

把 ♥ =3 带入②、③，再用③－②:

○ =11

把 ♥ =3，○ =11 带入②:

△ =7

再根据每列符号与数字之间的关系，求出太阳代表的数字；其实我们只要用一列数字来求解就可以了，其余列可以用来验算。最终求得 ☀ =17，17×4=68

因此，问号处应是68。

2. 百钱百鸡 1

难度等级：★★★★★   思维训练方向：计算思维

【原题】

今有鸡翁一，值钱五，鸡母一，值钱三，鸡雏三，值钱一。凡百钱买百鸡，问鸡翁母雏各几何？（选自《章丘建算经》）

【译文】

已知一只公鸡值5钱，一只母鸡值3钱，3只小鸡值1钱。现花100钱买了100只鸡，问公鸡、母鸡、小鸡各买了几只？

【解答】

这是一道著名的，而且具有一定难度的古算题目，可惜古人对这道题的算法描述得非常简略，我们已经难以从中获得思路启发。如果借用现代方程法求解，这道难题便会被巧妙化解。

首先，设公鸡有 x 只，母鸡有 y 只，小鸡有 z 只。根据已知列方程组如下：

$$\begin{cases} 5x+3y+\dfrac{z}{3}=100 & ① \\ x+y+z=100 & ② \end{cases}$$

①×3−②，用消去法消去小鸡，得 $7x+4y=100$ ③

将③变形，可写作 $7x=4(25-y)$，这个式子说明 x 必须是 4 的倍数才能保证 x、y 都是整数，令 $x=4t$，t 为整数，则 $y=25-7t$，$z=75+3t$。当 $t=1，2，3$ 时，方程组的解分别为：

$$\begin{cases} x=4，8，12 \\ y=18，11，4 \\ z=78，81，48 \end{cases}$$

因此，这道题目有三组答案：

1. 公鸡 4 只，母鸡 18 只，小鸡 78 只。

2. 公鸡 8 只，母鸡 11 只，小鸡 81 只。

3. 公鸡 12 只，母鸡 4 只，小鸡 84 只。

提示

通过解答，我们可以发现，这道题目不仅要求解题者能够领会方程思想、正确建立数量间的对等关系，还要求我们能够根据已知条件的数量特征，比如是否是整数、能否被某数整除等，灵活地求出方程的解，这也就考察着我们的数字思维和运算能力。

3. 卖炊具

难度等级：★★★★★　　　　思维训练方向：计算思维

大刚在农贸市场摆摊卖炊具，他只卖三种东西：炒锅每个 30 元，盘子每个 2 元，小勺每个 0.5 元。一小时后，他共卖掉 100 件东西，获得 200 元进账。已知每种商品至少卖掉 2 件，请问每种商品各卖掉多少件？

【解答】

设炒锅、盘子、小勺子各卖了 x、y、z 件，显然 x、y、z 为整数且有：

$x+y+z = 100$ ①

$30x+2y+0.5z = 200$ ②

②×2−①，得，

$59x+3y = 300$，变形后得，

$x = 3（100-y）\div 59$

由于 x 为整数，$100-y$ 必是 59 的倍数，此时只有 $y = 41$ 时才满足条件，故 $y = 41$，$x = 3$，$z = 56$，即炒锅卖了 3 件，盘子卖了 41 件，小勺卖了 56 件。

4. 百钱百鸡 2

难度等级：★★★★☆	思维训练方向：分合思维

【原题】

百钱买百鸡，四钱一母鸡，一钱四雏鸡，多少母雏鸡？

【译文】

100 钱买了 100 只鸡，4 钱买 1 只母鸡，1 钱买 4 只小鸡，问有母鸡、小鸡各多少只？

【解答】

虽然这也是一道百钱百鸡问题，但是它是否还需要用方程来求解呢？你有没有更简单清晰的思路？

观察这道题的数据你会发现几点特别之处：首先，100 钱正好买了 100 只鸡；其次，如果我们把 1 只母鸡与 4 只小鸡分做一组，这 5 只鸡刚好值 5 钱；最后，100 只鸡包含 20 个这样的组，而 100 钱也是由 20 个 5 钱组成的。据此，我们可以断定，母鸡有 1 只 ×20 组 =20（只），小鸡有 4 只 ×20 组 =80（只）。

因此，母鸡有 20 只，小鸡有 80 只。

5. 僧分馒头

难度等级：★★★★☆　　思维训练方向：数字思维　　分合思维

【原题】

一百馒头一百僧，大和三个更无争，小和三人分一个，大和小和得几丁？（选自《算法统宗》）

【译文】

100 个和尚分 100 个馒头，大和尚 1 人吃 3 个馒头，小和尚 3 人吃 1 个馒头，问大和尚、小和尚各有几人？

【解答】

这道著名的"僧分馒头"题与上面的"百鸡问题"几乎如出一辙。我们同样可以给大和尚、小和尚分组。根据已知条件的数量特征，把 1 个大和尚与 3 个小和尚分作一组，这样一组 4 人吃 4 个馒头。因为一共有 100 个和尚和 100 个馒头，因此这样的组有 100÷4=25（个）。所以，大和尚有 1 人 ×25 组 =25（人），小和尚有 3 人 ×25 组 =75（人）。

因此，有大和尚 25 人，小和尚 75 人。

6. 春游

难度等级：★★★★☆　　思维训练方向：数字思维　分合思维

某学校组织了一次春游，包括带队的老师和所有任课老师及学生在内一共有100人。中午进行野餐，带队老师把带来的100份快餐自己留下1份，然后按老师每人2份，学生2人1份分下去，正好合适。这次春游去了多少老师、多少学生呢？

【解答】

这道题的思路依然与前面两道古算题相同，需要注意的是，我们在给学生和老师分组之前，需要先从100人以及100份快餐中扣除带队老师那一份，将题目转化为"99人，99份快餐"问题，然后再依照相同的思路计算出结果。相信你已经能够独立完成剩余的部分了。

这道题目的正确答案是：这次春游连带队老师在内一共去了34位老师和66个学生。

第五节 数字魔方转不停

📌 提示

　　这一节，数字魔方将继续旋转……大家将看到各种有趣的现代计算趣题。

1. 对称的里程数

难度等级：★★★★☆　　　　**思维训练方向：数字思维**

　　司机小王开长途车运货，路上他偶然看了一眼里程表，惊讶地发现当时的里程数是一个左右对称的数字 58 985。一个小时以后，他又看了一眼里程表，这次他更加惊讶地发现表上显示的是另一个左右对称的里程数。你知道在这段时间内货车的平均速度是多少吗？

【解答】

　　下两个比 58 985 更大的对称数字应该是 59 095 和 59 195，这两个数与 58 985 的差分别是 110 和 210。因为目前我国公路还不允许汽车时速达到 210 千米 / 小时，因此，第二个对称数字应该是 59 095，货车的平均速度是 110 千米 / 小时。

2. 老师的测试题

难度等级：★★★★★　　思维训练方向：数字思维　分析思维　判断思维

老师出了一道测试题想考考皮皮和琪琪。她写了两张纸条，对折起来后，让皮皮、琪琪一人拿一张，并说："你们手中的纸条中写的数都是自然数，这两数相乘的积是 8 或 16。现在，你们能通过手中纸条上的数字，推出对方手中纸条的数字吗？"

皮皮看了自己手中纸条上的数字后，说："我猜不出琪琪的数字。"

琪琪看了自己手中纸条上的数字后，也说："我猜不出皮皮的数字。"

听了琪琪的话后，皮皮又推算了一会儿，说："我还是猜不出琪琪的数字。"

琪琪听了皮皮的话后，重新推算，但也说："我同样猜不出来。"

听了琪琪的话后，皮皮很快地说："我知道琪琪手中纸条的数字了。"并报出数字，果然不错。

你知道琪琪手中纸条上的数字是多少吗？

【解答】

两人手中纸条上的数字都是 4。

两个自然数的积为 8 或 16 时，这两个自然数只能为 1，2，4，8，16。可能的组合为：1×8，1×16，2×4，2×8，4×4。

当皮皮第一次说推不出来时，说明皮皮手中的数字不是 16，如果是 16，他马上可知琪琪手中的数字是 1。因只有 16×1 才能满足条件，他猜不出来，说明他手中不是 16，他手中的数可能为 1、2、4、8。同理，当琪琪第一次说猜不出时，说明她手中的数不是 16，也不是 1，如是1，她马上可知皮皮手中的数为 8，因前面已排除了 16，只有 8×1＝8能符合条件了，她手中的数可能为 2、4、8。

皮皮第二次说猜不出，说明他手中的数不是 1 或 8，如果是 1，他能猜出琪琪手中的数是 8，同理，是 8 的话，能猜出琪琪手中的数是 2，这样皮皮手中的数只能为 2 或 4。琪琪第二次说猜不出时，说明琪琪手中的数只可能为 4，只有为 4 时才不能确定皮皮手中的数，如果是 2，她可猜出皮皮的数只能为 4，因只有 2×4＝8 符合条件；如果是 8，皮皮手中的数只能为 2，因只有 8×2＝16 符合条件。

因此第三轮时，皮皮能猜出琪琪手中纸条上的数字是 4。

3. 可被 11 整除的数

难度等级：★★★★☆　　思维训练方向：计算思维　演绎思维

一次数学课上，老师让同学们在一
分钟之内判断 106 352 781 573 944 268 能
否被 11 整除，这可难倒了大家，不过还
是有几个聪明的学生只用了不到 1 分钟
的时间便做出了正确的判断，你知道他
们是如何判断的吗？

【解答】

判断一个数能否被 11 整除有一种简便的方法：首先将这个数从个位开始每两位断成一组，如果断到最高数位时只剩一个数字，那么这个数字就自成一组，依此方法 106 352 781 573 944 268 可以被断成 68、42、94、73、15、78、52、63、10。然后把这些数相加，和为495。再按同样的方法处理 495，得到 95+4＝99，99 可以被 11 整除，由此可以判断 106 352 781 573 944 268 也可以被 11 整除。

4. 数字魔术

难度等级：★★★★☆   思维训练方向：数字思维 计算思维

"数学博士"给大家变数字魔术，他让观众任意说出一个3位数，然后将这个3位数重复一次写在原数末尾，他说这个数肯定可以被

13、11、7同时除尽，并且答案依然是原来的那个3位数。比如三位数358，在其末尾重复一遍是358 358，358 358÷13÷11÷7=358。观众们纷纷用自己心中的数算了算，的确是这样，不禁感到非常惊奇，你能解释这个数字魔术背后的原理吗？

【解答】

首先，你应该知道一个3位数被重复一次后所得的6位数是原3位数的1 001倍，而13×11×7正好等于1 001。所以这个6位数，既可以被13、11、7同时除尽，商又是原来的3位数。

5. 神奇的出生年份

难度等级：★★★★☆   思维训练方向：数字思维 计算思维

你相信吗？任何人不论他出生于哪一年，他的出生年份减去组成这个年份的各位数字之和，结果都可以被9整除。比如，你出生于1994年，用1 994-（1+9+9+4）=1 971，1 971就能被9整除。不光我们现代人的出生年份

符合这一规律，古人的出生年份也符合这个规律。比如，统一六国的秦始皇出生于公元前259年，259-（2+5+9）=243，243也可以被9整除。更多的例子就不举了。怎么样，我们的出生年份很神奇吧？

【解答】

我们以四位数的出身年份为例，假设这个年份是 $abcd$，那么与这个年份相对应的四位数可以表示为：$1\ 000a+100b+10c+d$，$1\ 000a+100b+10c+d-（a+b+d+c）=999a+999b+999c$，这个差是肯定能被9整除的。其他位数的出生年份同理。

6. 抢报 30

难度等级：★★★★☆　　　思维训练方向：数字思维

蓬蓬和亨亨玩一种叫"抢报30"的游戏。游戏规则很简单：两个人轮流报数，第一个人从1开始，按顺序报数，他可以只报1，也可以报1、2。第二个人接着第一个人报的数再报下去，但最多也只能报两个数，却不能一个数都不报。例如，第一个人报的是1，第二个人可报2，也可报2、3；若第一个人报了1、2，则第二个人可报3，也可报3、4。接下来仍由第一个人接着报，如此轮流下去，谁先报到30谁胜。

蓬蓬很大度，每次都让亨亨先报，但每次都是蓬蓬胜。亨亨觉得其中肯定有猫腻，于是坚持要蓬蓬先报，结果每次还是蓬蓬胜。

你知道蓬蓬必胜的策略是什么吗？

【解答】

蓬蓬的策略其实很简单：他总是报到 3 的倍数为止。如果亨亨先报，根据游戏规则，他或报 1，或报 1、2。若亨亨报 1，则蓬蓬就报 2、3；若亨亨报 1、2，蓬蓬就报 3。接下来，亨亨从 4 开始报，而蓬蓬视亨亨的情况，总是报到 6。依此类推，蓬蓬总能使自己报到 3 的倍数为止。由于 30 是 3 的倍数，所以蓬蓬总能报到 30。

7. 从 1 加到 100

难度等级：★★☆☆☆　　　思维训练方向：计算思维

高斯小时候很喜欢数学，有一次在课堂上，老师出了一道题："1 加 2、加 3、加 4……一直加到 100，和是多少？"过了一会儿，正当同学们低着头紧张地计算的时候，高斯却脱口而出："结果是 5050。"

你知道他是用什么方法快速地算出来的吗？

1+2+3+4…… +100=？

【解答】

第一个数和最后一个数、第二个数和倒数第二个数相加，它们的和都是一样的，即 1+100=101，2+99=101……50+51=101，一共有 50 对这样的数，所以答案是：50×101=5 050。

8. "3" 的趣味计算

难度等级：★★★★☆　　　思维训练方向：计算思维

在下列算式中添加四则符号，使等式成立。

（1）　**3　3　3　3　3 = 1**

（2）**3 3 3 3 3 = 2**

（3）**3 3 3 3 3 = 3**

（4）**3 3 3 3 3 = 4**

（5）**3 3 3 3 3 = 5**

（6）**3 3 3 3 3 = 6**

（7）**3 3 3 3 3 = 7**

（8）**3 3 3 3 3 = 8**

（9）**3 3 3 3 3 = 9**

（10）**3 3 3 3 3 = 10**

【解答】

（1）$(3+3) \div 3 - 3 \div 3 = 1$

（2）$3 \times 3 \div 3 - 3 \div 3 = 2$

（3）$3 \times 3 \div 3 + 3 - 3 = 3$

（4）$(3+3+3+3) \div 3 = 4$

（5）$3 \div 3 + 3 + 3 \div 3 = 5$

（6）$3 \times 3 + 3 - 3 - 3 = 6$

（7）$3 \times 3 - (3+3) \div 3 = 7$

（8）$3 + 3 + 3 - 3 \div 3 = 8$

（9）$3 \times 3 \div 3 + 3 + 3 = 9$

（10）$3 + 3 + 3 + 3 \div 3 = 10$

9. "1" 的趣味算式

$1 \times 1 = ?$

$11 \times 11 = ?$

$111 \times 111 = ?$

$1\,111 \times 1\,111 = ?$

$11\,111 \times 11\,111 = ?$

【解答】

$1 \times 1 = 1$

$11 \times 11 = 121$

$111 \times 111 = 12\,321$

$1\,111 \times 1\,111 = 1\,234\,321$

$11\,111 \times 11\,111 = 123\,454\,321$

10. 等于 51

在算式中添上四则运算符号，使等式成立。

(1) 1 2 3 4 5 6 7=51   (2) 2 3 4 5 6 7 1=51

(3) 3 4 5 6 7 1 2=51   (4) 4 5 6 7 1 2 3=51

(5) 5 6 7 1 2 3 4=51   (6) 6 7 1 2 3 4 5=51

(7) 7 1 2 3 4 5 6=51

【解答】

(1) $1 \times 2 + 3 \times 4 + 5 \times 6 + 7 = 51$ (2) $2 + 3 \times 4 + 5 \times 6 + 7 \times 1 = 51$

(3) $3 \times 4 + 5 \times 6 + 7 + 1 \times 2 = 51$ (4) $4 + 5 + 6 \times 7 + 1 + 2 - 3 = 51$

(5) $5 + 6 \times 7 + 1 + 2 - 3 + 4 = 51$ (6) $6 \times 7 + 1 + 2 - 3 + 4 + 5 = 51$

(7) $7 + 1 \times 2 + 3 \times 4 + 5 \times 6 = 51$

第四章　分配魔棒轻巧点

导语：

无论是在古代还是现代社会，人们总要面对各类分配问题提出的"挑战"，如果用心"应战"，你不仅能攻克难关，还能练就聪慧头脑。古人把他们遇到的分配问题归作两类："均分"和"衰（cuī）分"，前者包含各类平均分配问题，后者涉及非平均分配，特别是按比例分配问题。本章便依照这个标准给《孙子算经》中的分配算题分了类，并在每一类后补充了大量现代题目。别再犹豫了，现在就调动你身上蕴藏的分配高手的潜质，轻轻挥舞魔棒吧！

第一节 均 分

提示

　　大家在第一章看过的"盈不足"问题其实也属于分配问题，但是因为它们特征鲜明，在古代算数史的地位又异常突出，所以，本书把它列在了第一章。

算题15 均分绢

难度等级：★☆☆☆☆　　　　**思维训练方向：计算思维**

【原题】

今有绢七万八千七百三十二匹，令一百六十二人分之。问人得几何？（选自《孙子算经》8卷下）

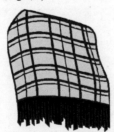

【译文】

现有绢78 732匹，若162人分这些绢。问每人分得多少？

【解答】

78 732÷162=486（匹）

每人分得486匹。

算题 16 均分绵

难度等级：★☆☆☆☆　　　　思维训练方向：计算思维

【原题】

今有绵九万一千一百三十五斤，给与三万六千四百五十四户。问户得几何？（选自《孙子算经》10卷下）

【译文】

现有绵 91 135 斤，分给 36 454 户。问每户分得多少？

【单位换算】

1 斤 =16 两

【解答】

91 135÷36 454=2 斤……18 227（斤）

将余数 18 227 斤换算成以"两"做单位的数量，平均分配下去：

18 227×16=291 632（两）

291 632÷364 54=8（两）

因此，每户分得 2 斤 8 两。

算题 17 征兵

难度等级：★☆☆☆☆　　　　思维训练方向：计算思维

【原题】

今有丁一千五百万，出兵四十万。问几丁科一兵？（选自《孙子

算经》2卷下）

【译文】

现有男丁 15 000 000 人，出兵 400 000 人。问多少男丁即分配一个兵员名额？

【解答】

15 000 000÷400 000=37.5

平均每 37~38 个男丁，征一兵。

算题 18　均载

> **难度等级：★☆☆☆☆**　　　　**思维训练方向：计算思维**

【原题】

今有租九万八千七百六十二斛，欲以一车载五十斛，问用车几何？

（选自《孙子算经》6 卷下）

【译文】

现有粮租 98 762 斛，欲用车来运这些粮食，每车装 50 斛，需要多少辆车？

【解答】

98 762÷50=1 975（辆）……12（斛）

因此，需 1 975 辆车，此外还剩下 12 斛粮食。

头脑风暴：测算你的"公平"指数

1. 果汁的分法

难度等级：★★★☆☆   思维训练方向：分合思维

7个满杯的果汁、7个半杯的果汁和7个空杯，平均分给3个人，该怎么分？

2. 分饼

难度等级：★★★☆☆   思维训练方向：分合思维

小英和同学共12个人去野外郊游。一路上玩得不亦乐乎。中午时分，他们在一个农家院共进午餐，厨师特别为他们制作了美味的特色烤饼。可是等菜一上桌，大家都愣了，烤饼只有7张，可是他们一共有12个人，这可怎么分呢？大家皱着眉头想了半天，小英这时突然一拍脑门，拿过一把刀在饼上切了几下，每一张饼上最多用了3刀，就把饼均匀地分成了12份。你知道小英是怎么分的吗？

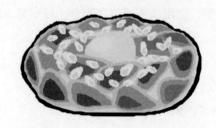

3.三刀八块

阿美、宝宝、小鹅和大新有机会得到一块免费的大蛋糕，4个人高兴得不得了。但是送给他们蛋糕的面包店老板却提出了一个苛刻的要求：他们只能切3刀，就要分出8块蛋糕，否则，就不能免费送给他们。这下可把阿美他们难住了，3刀一般都只能切出6块蛋糕啊，8块到底要怎么切呢？聪明的你赶紧来替他们想想办法吧，究竟怎么切3刀才能切出8块蛋糕呢？

4.老财主的难题

一名老财主生有4个儿子。他临死前，除了一块正方形的土地，什么都没有留下，土地上面有4棵每年都会结果的苹果树，树与树之间的距离是相等的，从土地的中心到一边排成一排。老财主把这个难题交给4个儿子，要求儿子们把土地和果树平均分配，可是没有一个儿子能解答。你知道该怎么分吗？

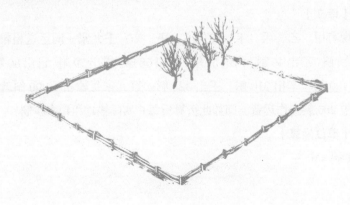

第二节 衰 分

算题 19 九家输租

难度等级：★★★★☆　　　　思维训练方向：计算思维

【原题】

今有甲、乙、丙、丁、戊、己、庚、辛、壬九家共输租。甲出三十五斛，乙出四十六斛，丙出五十七斛，丁出六十八斛，戊出七十九斛，己出八十斛，庚出一百斛，辛出二百一十斛，壬出三百二十五斛。凡九家共输租一千斛，僦运直折二百斛外[1]，问家各几何？（选自《孙子算经》1卷下）

【注释】

①僦运直折二百斛外：以其中200斛折做运费。

僦（jiù），运输，也指运输费。直，价值。折，折算。

【译文】

现有甲、乙、丙、丁、戊、己、庚、辛、壬九家一同运送租粮。甲出35斛、乙出46斛、丙出57斛、丁出68斛、戊出79斛、己出80斛、庚出100斛、辛出210斛、壬出325斛。这九家每输租1 000斛就要将其中200斛折作运费。问如此折算后每户实际输送租粮多少斛？

【单位换算】

1斛=10斗

【解答】

因为每输租 1 000 斛，就要将其中 200 斛折作运费，因此九家实际输租 800 斛。折算到每家后，每家实际输租$\frac{800}{1\ 000}$ × 每家应输租 = $\frac{4}{5}$ × 每家应输租，因此，

甲实际输租：$\frac{4}{5}$×35=28（斛）

乙实际输租：$\frac{4}{5}$×46=36.8（斛）　　36.8 斛 =36 斛 8 斗

丙实际输租：$\frac{4}{5}$×57=45.6（斛）　　45.6 斛 =45 斛 6 斗

丁实际输租：$\frac{4}{5}$×68=54.4（斛）　　54.4 斛 =54 斛 4 斗

戊实际输租：$\frac{4}{5}$×79=63.2（斛）　　63.2 斛 =63 斛 2 斗

己实际输租：$\frac{4}{5}$×80=64 斛

庚实际输租：$\frac{4}{5}$×100=80 斛

辛实际输租：$\frac{4}{5}$×210=168 斛

壬实际输租：$\frac{4}{5}$×325=260 斛

因此，甲输送 28 斛、乙输送 36 斛 8 斗、丙输送 45 斛 6 斗、丁输送 54 斛 4 斗、戊输送 63 斛 2 斗、己输送 64 斛、庚输送 80 斛、辛输送 168 斛、壬输送 260 斛。

再操练

1. 四县输粟

难度等级：★★★★☆　　　　思维训练方向：计算思维

【原题】

今有均输粟：甲县一万户，行道八日；乙县九千五百户，行道十日；丙县一万二千三百五十户，行道十三日；丁县一万二千二百户，行道二十日，各到输所。凡四县赋，当输二十五万斛，用车一万乘。

欲以道里远近，户数多少，衰^①出之。问粟、车各几何？（选自《九章算术》）

【注释】

①衰：按比例。

【译文】

今按户数征收公粮，摊送粮车辆：甲县有10 000户，距离收粮站要走8日；乙县有9 500户，距离收粮站要走10日；丙县有12 350户，距离收粮站要走13日；丁县有12 200户，距离收粮站要走20日。四县应交公粮250 000斛，用10 000辆车来运这些粮食。如果按道路里程的远近、各县户数的多少，按比例分摊，问四县运粮、派车各多少？

【解答】

首先，应该明确，各县分派到的运粮量应与户数成正比、与道路远近成反比，也就是说，某县户数越多、距离越近，分摊到的运粮任务越多，反之同理。因此，我们需要用各县户数除以各县行路天数求出四县运粮量的比例数。

甲县：10 000÷8=1 250

乙县：9 500÷10=950

丙县：12 350÷13=950

丁县：12 200÷20=610

甲县：乙县：丙县：丁县 =125：95：95：61

将各县比例数合并：125+95+95+61=376

首先，求各县用车数量，用 10 000× $\frac{\text{各县比例数}}{376}$

甲县用车：10 000× $\frac{125}{376}$ ≈ 3 324（辆）

乙县用车：10 000× $\frac{95}{376}$ ≈ 2 527（辆）

丙县用车：10 000× $\frac{95}{376}$ ≈ 2 527（辆）

丁县用车：10 000× $\frac{61}{376}$ ≈ 1 622（辆）

然后，算出每车载量，250 000 斛 ÷10 000 车 =25 斛 / 车

甲县运粟数：25 斛 / 车 ×3 324 车 =83 100 斛

乙县运粟数：25 斛 / 车 ×2 527 车 =63 175 斛

丙县运粟数：25 斛 / 车 ×2 527 车 =63 175 斛

丁县运粟数：25 斛 / 车 ×1 622 车 =40 550 斛

因此，甲县运粟83 100斛，用车3 324辆；乙县运粟63 175斛，用车2 527辆；丙县运粟63 175斛，用车2 527辆；丁县运粟40 550斛，用车1 622辆。

2. 赵嫂织麻

难度等级：★★★☆☆　　　思维训练方向：分析思维

【原题】

赵嫂自言快织麻，张宅李家雇了她。张宅六斤十二两，二斤四两是李家。共织七十二尺布，二人分布闹喧哗。借问卿中能算士，如何分得市无差。（选自《算法统宗》）

【译文】

擅长织麻的赵嫂受雇于张、李两家，张家为赵嫂提供6斤12两棉

117

花，李家提供 2 斤 4 两棉花，赵嫂一共织了 72 尺布，问如何公平地将这些布分给张、李两家。

【单位换算】

1 斤 =16 两

1 丈 =10 尺

【解答】

为公平起见，分布时应按照张、李两家所提供棉花的比例来分配。先换算单位，将斤化为两，则张家提供了 16×6+12=108（两棉花），李家提供了 16×2+4=36（两棉花），108+36=144（两），张家占了 144 份中的 108 份，李家占了 144 份中的 36 份。根据张李两家提供棉花的比例：

张家分得布：$72×\dfrac{108}{144}$ =54（尺）　　　54 尺 =5 丈 4 尺

李家分得布：$72×\dfrac{36}{144}$ =18（尺）　　　18 尺 =1 丈 8 尺

因此，张家分得 5 丈 4 尺布，李家分得 1 丈 8 尺布。

3. 分橘子

难度等级：★★★☆☆　　　　思维训练方向：分析思维

甲、乙、丙三家约定 9 天之内各打扫 3 天楼梯。丙家由于有事，没能打扫，楼梯就由甲、乙两家打扫，这样甲家打扫了 5 天，乙家打扫了 4 天。丙回来以后以 9 斤橘子表示感谢。

请问：丙该怎样按照甲、乙两家的劳动成果分配这 9 斤橘子呢？

【解答】

在帮丙家打扫楼梯的 3 天中，甲家打扫 2 天，即干了丙家任务的 $\frac{2}{3}$；乙家打扫 1 天，即干了丙家任务的 $\frac{1}{3}$。按劳动量分配橘子，甲家应得 $9 \times \frac{2}{3} = 6$（斤），乙家应得 $9 \times \frac{1}{3} = 3$（斤）。

算题 20 三鸡啄粟

难度等级：★★★☆☆　　　思维训练方向：分析思维

【原题】

今有三鸡共啄粟一千一粒。雏啄一，母啄二，翁啄四。主责①本②粟。三鸡主各偿几何？（选自《孙子算经》30 卷下）

【注释】

①责：要求归还。

②本：原来的。

【译文】

三种鸡一共吃掉 1 001 粒粟。已知小鸡每吃 1 粒，母鸡吃 2 粒，公鸡吃 4 粒。粟主要求鸡主赔偿损失。三种鸡的主人各应偿还多少粟？

【解答】

三鸡主应根据三种鸡所吃粟的比例赔偿粟主，根据已知，三种鸡吃粟的比例为 1 : 2 : 4，则三鸡主应偿还粟的数量分别是：

小鸡主：1 001 ÷ 7 = 143（粒）；

母鸡主：143 × 2 = 286（粒）；

公鸡主：143 × 4 = 572（粒）。

再操练

1. 三畜食苗

难度等级：★★★☆☆　　　　　思维训练方向：分析思维

【原题】

今有牛、马、羊食人苗，苗主责之粟五斗。羊主曰："我羊食半马。"马主曰："我马食半牛。"今欲衰偿之，问各出几何。（选自《九章算术》）

【译文】

牛、马、羊吃了别人的禾苗，苗主要求三牲畜的主人赔偿他 5 斗粟。羊的主人说："我的羊吃了马一半的量。"马的主人说："我的马吃了牛一半的量。"现在，若依据三畜吃苗的量按比例赔偿苗主，牛主、马主、羊主各应偿还多少粟？

【单位换算】

1 斗 =10 升

【解答】

5 斗等于 50 升。根据羊主、马主所说，可以知道羊、马、牛所吃禾苗的比例为 1：2：4，也就是说，羊吃了 7 份中的 1 份，马吃了 7 份中的 2 份，牛吃了 7 份中的 4 份，根据三畜吃苗的比例分配赔偿，三牲畜的主人各应偿还的粟的数量是：

羊主：50 升 ÷7=7$\frac{1}{7}$（升）；

马主：7$\frac{1}{7}$升 ×2=1 斗 4$\frac{2}{7}$（升）；

牛主：7$\frac{1}{7}$升 ×4=2 斗 8$\frac{4}{7}$（升）。

2. 三畜食谷

难度等级：★★★☆☆　　　思维训练方向：分析思维

【原题】

八马九牛十四羊，赶在村南牧草场，吃了人家一段谷，议定赔他六石粮。牛一只，比二羊，四牛二马可赔偿，若还算得无差错，姓氏超群到处扬。（选自《算法统宗》）

【译文】

8匹马、9头牛、14只羊吃了别人的谷子，三种牲畜的主人被要求赔偿谷子主人6石粮食。1头牛所需赔偿的量等于2只羊所需赔偿的量，4头牛所需赔偿的量相当于2匹马所需赔偿的量。求马、牛、羊的主人各应赔偿多少粮食。

【单位换算】

1石=10斗

1斗=10升

1升=10合

1合=10勺

【解答】

此题所描述的情境与上题相似，只不过三类牲畜的数目不再相同，在考虑按比例分配赔偿时，不能忽略三类牲畜的头数。根据已知"牛一只，比二羊，四牛二马可赔偿"，可以推知1羊、1牛、1马所需赔偿的粮食数量比为1：2：4，那么，14羊、9牛、8马所需赔偿的粮食数量比就是14：18：32。据此，可以把赔偿的粮食总量分成14+18+32=64（份），羊主需偿还其中的14份，牛主偿还18份，马主偿还 32 份，因此，马、牛、羊的主人各应偿还粮食的数量为：

马主应赔偿：$6 \times \dfrac{32}{64} = 3$（石）；

牛主应赔偿：$6 \times \dfrac{18}{64} = 1.6875$（石）

1.6875 石 $= 1$ 石 6 斗 8 升 7 合 5 勺；

羊主应赔偿：$6 \times \dfrac{14}{64} = 1.3125$（石）

1.3125 石 $= 1$ 石 3 斗 1 升 2 合 5 勺。

算题 21　分钱

| 难度等级：★★★★☆　　思维训练方向：分析思维　计算思维 |

【原题】

今有钱六千九百三十，欲令二百一十六人作九分分之，八十一人，人与二分；七十二人，人与三分；六十三人，人与四分。问三种各得几何？（选自《孙子算经》24 卷中）

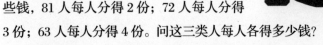

【译文】

现有钱 6 930，欲让 216 人分 9 份分这些钱，81 人每人分得 2 份；72 人每人分得 3 份；63 人每人分得 4 份。问这三类人每人各得多少钱？

【解答】

根据已知，6 930 钱可被分成 81×2+72×3+63×4=630 等份，则，

81 人每人得钱：$6\ 930 \times \dfrac{2}{630} = 22$（钱）；

72 人每人得钱：$6\ 930 \times \dfrac{3}{630} = 33$（钱）；

63 人每人得钱：$6\ 930 \times \dfrac{4}{630} = 44$（钱）。

再操练

五人分粟

难度等级：★★★☆☆　　　　思维训练方向：分析思维

【原题】

今有禀粟五斛，五人分之。欲令三人得三，二人得二，问各几何？

（选自《九章算术》）

【译文】

今发粟5斛，5个人分，其中有3人每人得3份，有2人每人得2份。每人各得粟多少？

【单位换算】

1斛=10斗

1斗=10升

【解答】

根据已知，5斛粟可以被分成3×3+2×2=13（等份），则，

得3份的3人，每人得粟：$5 \times \frac{3}{13} = \frac{15}{13}$（斛）

$$\frac{15}{13} 斛 = 1 斛 1 斗 5 \frac{5}{13} 升；$$

得2份的2人，每人得粟：$5 \times \frac{2}{13} = \frac{10}{13}$（斛）

$$\frac{10}{13} 斛 = 7 斗 6 \frac{12}{13} 升。$$

算题 22 巧女织布

难度等级：★★★★☆　思维训练方向：分析思维　计算思维

【原题】

今有女子善织，日自倍。五日织通五尺。问日织几何？（选自《孙子算经》27卷中）

【译文】

有一女子很会织布，她每天织布的数量是前一天的一倍。五天共织布 5 尺，问这五天她各织多少布？

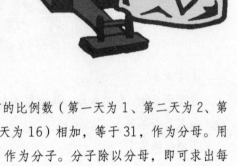

【单位换算】

1 尺 =10 寸

【解答】

将该女子五日每天所织布的比例数（第一天为 1、第二天为 2、第三天为 4、第四天为 8、第五天为 16）相加，等于 31，作为分母。用 5 尺乘以每天织布的比例数，作为分子。分子除以分母，即可求出每天织布的数量。

第一天织布：$50 寸 \times \frac{1}{31} = 1\frac{19}{31} 寸$

第二天织布：$50 寸 \times \frac{2}{31} = 3\frac{7}{31} 寸$

第三天织布：$50 寸 \times \frac{4}{31} = 6\frac{14}{31} 寸$

第四天织布：$50 寸 \times \frac{8}{31} = 1 尺 2\frac{28}{31} 寸$

第五天织布：$50 寸 \times \frac{16}{31} = 2 尺 5\frac{25}{31} 寸$

再操练

五官分鹿

难度等级：★★★★☆　　　思维训练方向：分析思维

【原题】

今有大夫、不更、簪褭、上造、公士①，凡五人，共猎得五鹿。欲以爵次分之，问各得几何？（选自《九章算术》）

【注释】

①大夫、不更、簪褭、上造、公士是秦代官制中的五等官职，大夫级别最高，其后依次是不更、簪褭、上造、公士。

【译文】

大夫、不更、簪褭（zān niǎo）、上造、公士五人共猎得 5 只鹿。如果按照爵次高低分配猎物，他们每人分得多少猎物？

【解答】

按照五官爵次由高到低的顺序分配猎物，则大夫、不更、簪褭、上造、公士分得猎物的数量比是 5：4：3：2：1，5+4+3+2+1=15。因此，大夫分得猎物总量的 $\frac{1}{3}$（$\frac{5}{15}$），不更分得 $\frac{4}{15}$，簪褭分得 $\frac{1}{5}$（$\frac{3}{15}$），上造分得 $\frac{2}{15}$，公士分得 $\frac{1}{15}$，则，

大夫得鹿：$5 \times \frac{1}{3} = 1\frac{2}{3}$（只）；

不更得鹿：$5 \times \frac{4}{15} = 1\frac{1}{3}$（只）；

簪褭得鹿：$5 \times \frac{1}{5} = 1$（只）；

上造得鹿：$5 \times \dfrac{2}{15} = \dfrac{2}{3}$（只）；

公士得鹿：$5 \times \dfrac{1}{15} = \dfrac{1}{3}$（只）。

拓展

五人分钱

难度等级：★★★★☆　　思维训练方向：分析思维　计算思维

【原题】

今有五人分五钱，令上二人所得与下三人等。问各得几何？

（选自《九章算术》）

【译文】

今有 5 人分 5 钱，如果使上 2 人与下 3 人所得钱数相等，问每人分得多少钱？

【解答】

这道题目的题干不仅明确要求上 2 人与下 3 人所得钱数相等，而且还隐含着 5 人所得钱数逐级递减的条件——从上到下，5 人所得钱数由多至少，比例为：5：4：3：2：1，上 2 人比例之和为 9，下 3 人比例之和为 6，两者之差是 3。为保证此两者相等，在 5 人原比值的基础上分别加 3，得 5 人从上到下的比值是 8：7：6：5：4，此时上 2 人的比值之和与下 3 人的比值和相等，都是 15。因为 5 人得钱的比例之和是 8+7+6+5+4=30，因此，

甲（上第 1 人）得：$5 \times \dfrac{8}{30} = 1\dfrac{1}{3}$（钱）；

乙（上第 2 人）得：$5 \times \dfrac{7}{30} = 1\dfrac{1}{6}$（钱）；

丙（下第 3 人）得：$5 \times \dfrac{6}{30} = 1$（钱）；

丁（下第 2 人）得：$5 \times \dfrac{5}{30} = \dfrac{5}{6}$（钱）；

戊（下第 1 人）得：$5 \times \dfrac{4}{30} = \dfrac{2}{3}$（钱）。

算题 23　五侯分橘

难度等级：★★★★☆　　　　思维训练方向：逆向思维

【原题】

今有五等诸侯[①]，共分橘子六十颗。人别加三颗。问五人各得几何？（选自《孙子算经》25 卷中）

【注释】

①五等诸侯：级别由高到低依次是"公、侯、伯、子、男"。

【译文】

公、侯、伯、子、男五等诸侯，分 60 个橘子。已知，等级每下降一等就少得 3 个橘子。问五位诸侯各分得多少个橘子？

【解答】

这是《孙子算经》中的另外一道题目，虽然也是若干人按照等级高低分配物品，但不是按照一定比例，而是按照数量递增或递减分配，他们分得物品的个数呈等差数列的形态。

根据已知，五等诸侯所得的橘子数量随他们级别的高低每升一级增加 3 个，因此，可以先按照等级由低到高的次序，分给男 3 个橘子，子 6 个，伯 9 个，侯 12 个，公 15 个。这些已经分出的橘子加在一起共有 45 个。然后，用 60 减 45 得 15，是剩下未分的橘子。最后，把这 15 个剩下未分的橘子平分给五位诸侯，每人再各得 3 个橘子。加上一开始分到的橘子，公得到 18 个，侯得到 15 个，伯得到 12 个，子得到 9 个，男得到 6 个。

《孙子算经》提供的这种思路是不是非常巧妙？对于这类问题，人们惯常的思路是先求出每个人都会得到的最基本的量——也就是男分到的橘子数，然后再逐级加 3，依次求子、伯、侯、公分得的橘子个数。但是《孙子算经》却反其道而行，一上来就先把"人别加三颗"的问题解决了，然后才将每个人都会得到的基本量平均分配下去。

不过，这里有一点需要说明，《孙子算经》的算法其实存在一个小小的疏漏：分配不应该从男开始，而应该从子开始。首先分给子 3 个，伯 6 个，侯 9 个，公 12 个，因为问题所述"人别加三颗"的规律是从处于倒数第二等级的子开始的，级别最低的男初始分得多少个橘子是未知的，而孙子一开始就确定男至少可以分得 3 个橘子，是不妥当的。让我们继续把刚才的求解过程补充完整：3+6+9+12=30，用橘子总数 60 减去 30 等于 30，把剩下的 30 个平均分给五个诸侯，每人再分得 6 个，这让公分得 12+6=18（个），侯分得 9+6=15（个），伯分得 6+6=12（个），子分得 3+6=9（个），男分得 0+6=6（个）。答案依然是正确的。这样做不仅方法同样巧妙，思路也更严谨。

提示

　　接下来你将看到一系列需要应用逆向思维求解的题目。

拓展

这句话对吗

难度等级：★★★☆☆　　　思维训练方向：判断思维

皮皮对琪琪说："我能将 100 枚围棋子装在 15 只塑料杯里，每只杯子里的棋子数目都不相同。"这句话对吗？

【解答】

肯定不对。

从第一只杯子里放 1 枚棋子算起，要想数目不同只能是把 2、3、4……放入后面相对应的杯子里，这样得出 15 只杯子全不相同，最少所需的棋子数是 1＋2＋3＋4……＋15＝120。现在只有 100 枚棋子，当然是不够装的。

算题 24　三人分米

难度等级：★★★☆☆　　　思维训练方向：逆向思维

【原题】

今有器中米，不知其数。前人取半，中人三分取一，后人四分取一，余米一斗五升。问本米几何？（选自《孙子算经》19 卷下）

【译文】

容器中有一些米，不知道具体有多少。第一个人取走它的 $\frac{1}{2}$，第二个人取走第一个人剩下的 $\frac{1}{3}$，第三个人取走第二个人剩下的 $\frac{1}{4}$，余下 1 斗 5 升米。问原来有多少米?

【单位换算】

1 斗 =10 升

【解答】

这道题我们可以应用逆向思维,从"余米"入手逐步求"本米",这样问题就会变得简单很多:

首先,把 1 斗 5 升换算为 1.5 斗,用 1.5 斗米除以与之相对应的最后一个人取米之后所剩大米的分数比:$1.5÷(1-\frac{1}{4})=1.5×\frac{4}{3}=2$(斗),2 斗是第二个人取米之后的"余米"量。依照同样的思路,用 2 斗米除以它所对应的分数比值:$2÷(1-\frac{1}{3})=2×\frac{3}{2}=3$(斗),3 斗是第一个人取米之后的"余米"量。最后用 3×2=6(斗),6 斗即是"本米"的数量。

因此,原来有 6 斗米。

再操练

持米过关

难度等级:★★★☆☆　　　　思维训练方向:逆向思维

【原题】

今有人持米出三关,外关三而取一,中关五而取一,内关七而取一,余米五斗。问本持米几何?(选自《九章算术》)

【译文】

今有人持米连出三关,外关收税米 $\frac{1}{3}$,中关收 $\frac{1}{5}$,内关收 $\frac{1}{7}$,经过三关后剩下 5 斗米。问此人原来有多少米?

【单位换算】

1 斗 =10 升

【解答】

因为连出三关后余米 5 斗，可逐步回溯。

入内关前有米：$5 \div (1 - \frac{1}{7}) = 5 \times \frac{7}{6} = \frac{35}{6}$（斗）

入中关前有米：$\frac{35}{6} \div (1 - \frac{1}{5}) = \frac{35}{6} \times \frac{5}{4} = \frac{175}{24}$（斗）

入外关前有米：$\frac{175}{24} \div (1 - \frac{1}{3}) = \frac{175}{24} \times \frac{3}{2} = \frac{175}{16}$（斗）

$$\frac{175}{16} 斗 = 10 斗 \frac{15}{16} 升$$

因此，此人原来有 $10 斗 \frac{15}{16}$ 升米。

拓展

1. 李白沽酒

> **难度等级：★★★★☆**　　　**思维训练方向：逆向思维**

我国唐代大诗人李白才华横溢，放荡不羁。为了尽兴，他不惜散尽千金买酒，更是经常醉卧花间。后人便根据李白的这一特点编了如下一道算数题：

无事街上走，提壶去买酒。

遇店加一倍，见花喝一斗。

三遇店和花，喝光壶中酒。

试问壶中原有多少酒？

【解答】

这虽然不是一道严格意义上的分配问题，但它所描述的情境与上面两题——"三人分米""持米过关"有很多相似之处，因此便放在这里，加深大家对逆向思维的理解。与前两题不同的是，本题除了向外缴纳的过程，还有不断向内添加的环节，所以情况更加复杂。不过，我们依旧可以采用逆向思维的方法，从结局推及初始，从已知推及未知。这里，我们不妨把思维演进图描画出来。

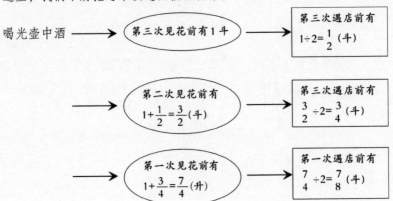

由此可知，李白的酒壶中原有 $\frac{7}{8}$ 斗酒。你做对了吗?

2. 有多少个苹果

| 难度等级：★★★★☆ | 思维训练方向：逆向思维 |

大明、老张、小李三个好伙伴在城里打工，年底合买了一堆苹果准备给家人带回去，然后三人都躺下睡觉了。第二天天刚亮，大明先醒来，看看另两个人还在睡觉，便自作主张将地上的苹果分成三份，发现还多一个，就把那个苹果吃了，然后拿着自己的那份走了。老张第二个醒来，说道："怎么大明没拿苹果就走了？不管他，我把苹果分一下。"于是他也将苹果分成三份，发现也多一个，

也把多的那个给吃了，然后拿着自己的那份走了。小李最后一个醒来，奇怪两个伙伴怎么都没拿苹果就走了，于是又将剩下的苹果分成三份，发现也多一个，便也把它吃了，拿着自己的那份回家了。

请问，一开始最少有多少个苹果？

【解答】

解题方法可倒推：

(1) 假定最后剩下的两份为 2 个即每份 1 个，则在小李醒来时共有 4 个苹果，在老张醒来时共有 7 个苹果，而 7 个苹果不能构成两份，与题意不符合。

(2) 假定最后剩下的两份为 4 个即每份 2 个，则在小李醒来时共有 7 个苹果，也与题意不符合。

(3) 假定最后剩下的两份为 6 个即每份 3 个，则在小李醒来时共有 10 个苹果，在老张醒来时共有 16 个苹果，而大明分出的三份苹果，每份有 8 个苹果，此外还多余一个。

因此，一开始最少有 25 个苹果。

3. 守财奴的遗嘱

难度等级：★★★★☆　　思维训练方向：逆向思维

一个守财奴生前积累了很多金条，可他到临死的时候也舍不得分给儿子们。为此，他写了一份难解的遗嘱，儿子们要是解开了这个遗嘱，就把金条分给他们，要是没有解开，金条就永远被藏在无人知晓的地方。他的遗嘱是这样写的：我所有的金条，分给长子 1 根又余数的 $\frac{1}{7}$，分给次子 2 根又余数

我所有的金条，分给长子 1 根又余数的 $\frac{1}{7}$，分给次子 2 根又余数的 $\frac{1}{7}$，分给第三个儿子 3 根又余数的 $\frac{1}{7}$……以此类推，一直到不需要切割地分完。

的 $\frac{1}{7}$，分给第三个儿子 3 根又余数的 $\frac{1}{7}$……以此类推，一直到不需要切割地分完。你能算出守财奴一共有多少根金条，多少个儿子吗？

【解答】

从末尾开始，最小儿子得到的金条数目，应等于儿子的人数。金条余数的 $\frac{1}{7}$ 对他来说是没有份的，因为既然不需要切割，在他之前就已经没有剩余的金条了。

接着，第二小的儿子得到的金条，要比儿子人数少 1，并加上金条余数的 $\frac{1}{7}$。这就是说，最小儿子得到的是这个余数的 $\frac{6}{7}$。从而可知，最小儿子所得金条数应能被 6 除尽。

假设最小儿子得到了 6 根金条，那就是说，他是第六个儿子，那人一共有 6 个儿子。第五个儿子应得 5 根金条加 7 根金条的 $\frac{1}{7}$，即应得 6 根金条。

现在，第五、第六两个儿子共得 6+6 = 12（根金条），那么第四个儿子分得 4 根金条后，金条的余数是 $12 \div \frac{6}{7} = 14$，第四个儿子得 $4+\frac{14}{7} = 6$（根金条）。

现在计算第三个儿子分得金条后金条的余数：6+6+6 即 18 根，是这个余数的 $\frac{6}{7}$，因此，余数应是 $18 \div \frac{6}{7} = 21$。第三个儿子应得 $3+\frac{21}{7} = 6$（根金条）。用同样方法可知，长子、次子各得 6 根金条。

我们的假设得到了证实，正确的答案是：守财奴一共有 6 个儿子，每人分得 6 根金条，金条一共有 36 根。

有没有别的答案呢？假设儿子数不是 6，而是 6 的倍数 12。但是，这个假设行不通。6 的下一个倍数 18 也行不通，再往下就不必费脑筋了。

头脑风暴：分配高手终练成

1.遗书分牛

难度等级：★★★★☆　　思维训练方向：数字思维　计算思维

一农场主在遗书中写道：妻子分全部牛的半数加半头，长子分剩下牛的半数加半头，次子分再剩下牛的半数加半头，幼子分最后剩下牛的半数加半头。

结果一头牛没杀，一头牛没剩，正好分完。农夫留下多少头牛？

2.巧妙分马

难度等级：★★★★☆　　　　　思维训练方向：创意思维

一个拥有 24 匹马的商人给 3 个儿子留下"传给长子 $\frac{1}{2}$，传给次子 $\frac{1}{3}$，传给幼子 $\frac{1}{8}$"的遗言后就死了。但是，在这一天有 1 匹马也死掉了。这 23 匹马用 2、3、8 都无法除开，总不能把一匹马分成两半吧？这真是个难题。你知道应该怎样解决吗？

第五章 "商务通"，脑中安

导语：

成为智慧的经营者，创造并积累更多财富，相信是当下很多人的梦想，所以尽管《孙子算经》中涉及此类内容的题目并不多，但本书还是把它们挑选出来了，构成单独的一章。本章前半部分围绕商业贸易问题展开，后半部分则关注个人理财问题。需要提醒你的是，传授具体的经营知识及理财技能并不是本章的重点。如果你在思考了下面的题目之后，发现自己的思路更加清晰、灵活了，甚至头脑中仿佛安了个"商务通"，那么，设置本章的目的也就达到了。

第一节 公平交易

算题 25 粟换糯米

难度等级：★☆☆☆☆　　　　**思维训练方向：计算思维**

【原题】

今有粟一斗，问为糯米①几何？

（选自《孙子算经》5卷中）

【注释】

①糯米：一种黏米。

【译文】

现有粟1斗，问可换多少糯米？

【单位换算】

1斗 =10升

粟与糯米的兑换比率是：

粟：糯米 =50：30

【解答】

根据称量单位间的换算关系，1斗等于10升，再根据粟与糯米间的兑换比率，可知：

兑换糯米的量 =10升 ×30÷50=6升

因此，1斗粟可换6升糯米。

提示

中国古代算数文化将利用比例关系求解的方法称作"今有术"，物品交换类算题是"今有术"的典型代表。

算题 26 粟换稗米

【原题】

今有粟二斗一升，问为稗米①

几何？（选自《孙子算经》6卷中）

【注释】

①稗米：比粝米稍精细的米。

【译文】

现有粟 2 斗 1 升，问可换多少

稗米？

【单位换算】

1 斗 =10 升

粟与稗米的兑换比率是：

粟：稗米 =50：27

【解答】

根据称量单位间的换算关系，2 斗 1 升等于 21 升，再根据粟与稗

米间的兑换比率，可知可兑换的稗米量 =21 升 ×27÷50=11 $\frac{17}{50}$ 升 =1

斗 1 $\frac{17}{50}$ 升。

因此，2 斗 1 升粟可以换 1 斗 1 $\frac{17}{50}$ 升稗米。

算题 27 粟换糳米

【原题】

今有粟四斗五升，问为糳米①几何？（选自《孙子算经》7卷中）

【注释】

①糳（zuò）米：舂过的米，稍精于粺米。

【译文】

今有粟 4 斗 5 升，问可换多少糳米？

【单位换算】

1 斗 =10 升

粟与糳米的兑换比率是：

粟 : 糳米 =50 : 24

【解答】

根据称量单位间的换算关系，4 斗 5 升等于 45 升，再根据粟与糳米间的兑换比率，可知可兑换的糳米量 =45 升 ×24÷50=21 $\frac{3}{5}$ 升，

21 $\frac{3}{5}$ 升 =2 斗 1 又 $\frac{3}{5}$ 升。

因此，4 斗 5 升粟可换 2 斗 1 $\frac{3}{5}$ 升糳米。

算题 28 粟换御米

难度等级：★☆☆☆☆　　思维训练方向：计算思维

【原题】

今有粟七斗九升，问为御米①几何？（选自《孙子算经》8 卷中）

【注释】

①御米：上等精米，精于糳米。

【译文】

今有粟 7 斗 9 升，问可换多少御米？

【单位换算】

1 斗 =10 升

1 升 =10 合

1 合 =10 勺

粟与御米的兑换比率是：

粟：御米 =50：21

【解答】

根据称量单位间的换算关系，7 斗 9 升等于 79 升，再根据粟与御米间的兑换比率，可知可兑换的御米量 =79 升 ×21÷50=33.18 升，33.18 升 =3 斗 3 升 1 合 8 勺。

因此，7 斗 9 升粟可换 3 斗 3 升 1 合 8 勺御米。

提示

我们严格依照《孙子算经》记载的数据提供标准答案，致使以上几道题的答案形式不统一——有的用分数表示，精确到"升"，有的先求出小数，再折合成更小级别的单位（比如"合""勺"）所表示的数量。至于《孙子算经》为什么会用不同形式表示数据，我们猜测可能是出于训练人们灵活应用不同单位名称及数据形式的考虑吧。

算题 29 以粟易豆

难度等级：★☆☆☆☆　　　　思维训练方向：计算思维

【原题】

今有粟三千九百九十九斛九斗六升，凡粟九斗易豆一斛。问计豆几何？（选自《孙子算经》11 卷下）

【译文】

现有粟 3 999 斛 9 斗 6 升，每 9 斗粟可换 1 斛豆。问可换多少豆？

1 斛 =10 斗

1 斗 =10 升

【解答】

该谜题其实也可以像前面几谜算题一样诵讨比例换算求解，但是因为题干出现"凡粟九斗易豆一斛"这样特征突出的已知条件，我们可以把这道题当作求份数的一步除法题来计算。

根据称量单位间的换算关系 3 999 斛 9 斗 6 升等于 39 999.6 斗，39 999.6÷9=4 444.4（斛），4 444.4 斛 =4 444 斛 4 斗。

因此，3 999 斛 9 斗 6 升粟可换 4 444 斛 4 斗豆。

拓展

1. 以丝易缣

难度等级：★☆☆☆☆　　　思维训练方向：计算思维

【原题】

今有与人丝一十四斤，约得缣①一十斤。今与人四十五斤八两，问得缣几何？（选自《九章算术》）

【注释】

①缣（jiān）：细绢。

【译文】

给人 14 斤丝，约定换得缣 10 斤。现给人 45 斤 8 两丝，可换得多少缣？

【单位换算】

1 斤 =16 两

丝与缣的兑换比率是：

丝：缣 =14 ： 10

【解答】

根据称量单位间的换算关系，45 斤 8 两等于 45.5 斤，再根据丝与缣之间的兑换比率，可知可换得的缣数为：45.5 斤 ×10÷14=32.5（斤），32.5 斤 =32 斤 8 两。

因此，45 斤 8 两丝可换得 32 斤 8 两缣。

2. 四谷互换

难度等级：★ ★ ☆ ☆ ☆   思维训练方向：计算思维

【原题】

菽①三升易小麦二升，小麦一升五合，易油麻八合，油麻一升二合，易粳米一升八合。今将菽十四石四斗，欲易油麻。又将小麦二十一石六斗，欲易粳米，几何？（选自《数书九章》）

【注释】

①菽（shū）：大豆。

【译文】

3升大豆换2升小麦，1升5合小麦换8合油麻，1升2合油麻换1升8合粳米。现有大豆14石4斗，可以换多少油麻？现在有小麦21石6斗，可以换多少粳米？

【单位换算】

1石=10斗

1斗=10升

1升=10合

【解答】

这是一道连比例问题，所求事物与所给事物间的兑换比例不是直接给定的，需要借助中间事物相互推导才能得到。

首先，我们来解答第一问：已知大豆的量，求油麻。

因为，大豆：小麦=3：2=45：30，小麦：油麻=1.5：0.8=30：16

所以，大豆：小麦：油麻=45：30：16

则，大豆：油麻=45：16

当有大豆1 440升时，可换油麻1 440×16÷45=512（升）

同样，我们可以求出第二问的答案：

因为，小麦：油麻=1.5：0.8=45：24，油麻：粳米=1.2：1.8=24：36

所以，小麦：油麻：粳米=45：24：36

则，小麦：粳米=45：36

当有小麦2 160升时，可换粳米2 160×36÷45=1 728（升）

因此，14石4斗大豆，可换512升油麻；21石6斗小麦，可换1 728升粳米。

头脑风暴：做个智慧的经营者

1. 富商卖古玩

难度等级：★★★★☆　　　思维训练方向：分析思维

有个富商爱好收集古玩字画，一次，他因为急需现金投资，叫三个伙计帮他卖掉90件藏品。他分给大伙计50件，二伙计30件，小伙计10件，并要求他们每人必须都带回来50 000元。这可愁坏了三个伙计：我们得到的藏品数量不同，价值也各不相同，该如何才能挣回一样多的钱呢？你有办法帮他们顺利完成任务吗？

2. 酒吧促销

难度等级：★★★★☆　　　思维训练方向：分析思维

酒吧为了促销，推出"5个空酒瓶换1瓶啤酒"的活动，一天营业结束后，老板清点出161个空酒瓶，请问：这天他至少卖了多少瓶啤酒？

3. 称盐

难度等级：★★★☆☆　　　　思维训练方向：分析思维

有一个两臂不一样长却处于平衡状态的天平，给你 2 个 500 克的砝码，如何称出 1 千克（1 000 克）的盐？

4. 称油

难度等级：★★★★☆　　　　思维训练方向：逻辑思维

有一个农夫用一个大桶装了 12 千克油到市场上去卖，恰巧市场上两个家庭主妇分别只带了能装 5 千克和 9 千克的两个小桶，但她们买走了 6 千克的油，其中拿着 9 千克桶的主妇买了 1 千克，那个拿着 5 千克桶的主妇买了 5 千克，更为惊奇的是，她们之间的交易没有使用任何计量的工具。你知道她们是怎么分的吗？

5. 卖米

难度等级：★★★★☆　　思维训练方向：逻辑思维

有两个合伙卖米的商人，要把剩下的 10 斤米平分。他们手中没有秤，只有一个能装 10 斤米的袋子，一个能装 7 斤米的桶和一个能装 3 斤米的脸盆。请问：他们该怎么平分 10 斤米呢？

6. 卖果汁

难度等级：★★★★☆　　思维训练方向：逻辑思维

商店老板有一个圆柱状的果汁桶，容量是 30 升，他已经卖了 8 升给客人。小华和小力是他的老顾客，今天也来买果汁。小华带来的瓶子的容量是 4 升的，小力的则是 5 升的。然而，小力只想买 4 升果汁，小华只想买 3 升的果汁，但今天商店老板的电子秤坏了，他应该怎么做才能使这两个老顾客得到各自想要的重量，而且又能使果汁不溢出容器呢？

第二节　创意理财

算题 30　丝之斤息

难度等级：★☆☆☆☆　　　思维训练方向：计算思维

【原题】

今有贷与人丝五十七斤，限岁出息一十六斤。问斤息几何？（选自《孙子算经》14 卷下）

我借给你 57 斤丝。记得每年要付给我 16 斤丝作为利息！

【译文】

借给别人 57 斤丝，要求对方每年交 16 斤丝作为利息。问每斤丝的利息是多少？

【单位换算】

1 斤 =16 两

【解答】

根据称量单位间的换算关系 16 斤相当于 16×16=256（两）。

$256÷57=4\frac{28}{57}$（两）

因此，每斤丝的利息是 $4\frac{28}{57}$ 两。

再操练

1. 九日之息

【原题】

今有贷人千钱，月息三十。今有贷人七百五十钱，九日归之，问息几何？

（选自《九章算术》）

【译文】

已知向人贷款 1 000 钱，月息 30 钱。今向人贷款 750 钱，9 天归还，应付利息多少？

【解答】

我们默认一个月有 30 天，根据已知，所求利息为：

（750 钱 ×30 钱 ×9 天）÷（1000 钱 ×30 天）=$6\frac{3}{4}$ 钱

因此，应付利息 $6\frac{3}{4}$ 钱。

2. 古董商的交易

有一位古董商收购了两枚古钱币，后来又以每枚 60 元的价格出售了这两枚古钱币。其中的一枚赚了 20％，另一枚赔了 20％。请问：和他当初收购这两枚古钱币相比，这位古董商是赚是赔，还是持平？

【解答】

解答这道题其实不需要进行具体运算，我们只要稍作分析、对数字大小进行比较即可得出答案。我们分别设这两枚古钱币的收购价为 A 和 B——赚了钱的收购价为 A，赔了钱的收购价为 B。则 A<60<B，赚了钱的钱币实际赚了 20%A，赔了钱的钱币实际赔了 20%B，因为 A<B，所以 20%A<20%B，所以赚的钱少于赔的钱。

因此，古董商赔了。

头脑风暴：创意理财

1. K 金问题

难度等级：★★★☆☆　　　　思维训练方向：计算思维

黄金的 24K 是指百分之百的纯金，因此 12K 就是纯度为 50%，18K 是 75%。当你在买金制品的时候，上面的纯度记号却是：375 表示 9K，583 表示 14K，750 表示 18K。请问：946 表示多少 K？

2. 被小数点搅乱的账本

金老板月底查账，发现现金收入比账本上的数额少了 14 535 元，这可不是笔小数目啊！金老板很清楚，这个月该收的现款都已到账，所以一定是账本在书写上出了错，于是金老板又详细核对了一遍账本，发现原来是有一个数据忘点小数点了。金老板该如何才能在上百个账目中找出错误的那个呢？（已知金老板的账目数据精确到小数点后一位）

"10？ 1.0？ 0.1？"

3. 重量不足的金宝箱

假如你有 10 箱金条，每箱有 100 块，每块 10 两。但是，其中有一箱金条每块都少 1 两。重量不足的这箱金条在外观上是看不出来的，也不允许你直接去称量整箱金条的重量。现在给你一杆秤，你能只称一次就找出重量不足的那箱金条吗？

4. 购物积分

某商厦采用会员积分制度，会员顾客每个月在该商场消费 1 000 元以上，便可以得到 10 分，如果消费少于 1 000 元，便会被倒扣 5 分，一年累积 60 分或以上的顾客可在来年享受更多优惠。该商场的一位会员在 12 月份查询自己的积分情况，售货员告诉她只要在新年之前消费到 1 000 元，便可在来年享受更多优惠，你能猜出这位会员此时的积分是多少吗？她前 11 个月的消费情况又是怎样的？

第六章　图形王国乐无边

导语：

《孙子算经》几乎收录了各个层面的几何问题，从点到线、从线到面、从面到体——尽管当时古人解答这些题目只是希望数一数物品的个数、测一测土地的尺寸或者计算一下工程量的大小……今天，我们把古人编录的题目按照"一维空间""二维空间""三维空间"的框架整理出来，用以激发当代人的右脑能量，训练大家的观察力、形象思维能力、空间想象能力……你将会在游戏般的体验中开心畅游图形王国，再也不想离开……

第一节 一维空间——"线"

算题 31 以索围方

难度等级：★☆☆☆☆　　　思维训练方向：图像思维

【原题】

今有索长五千七百九十四步。欲使作方①，问几何？（选自《孙子算经》16 卷中）

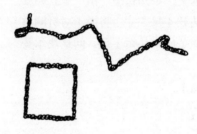

【注释】

①方：正方形。

【译文】

现有一条长 5 794 步的绳索，若用它来围一个正方形，问这个正方形的边长是多少？

【单位换算】

1 步 =6 尺

【解答】

用绳索的长度 5 794 步除以 4，等于 1 448 步，余 2 步。根据长度单位间的换算关系，2 步乘以 6 等于 12 尺，12 尺除以 4 等于 3 尺。

因此，正方形的边长是 1 448 步 3 尺。

算题 32 绳测木长

难度等级：★★★☆☆   思维训练方向：图像思维

【原题】

今有木，不知长短。引绳①度之，余绳四尺五寸。屈绳②量之，不足一尺。问木长几何？

（选自《孙子算经》18卷下）

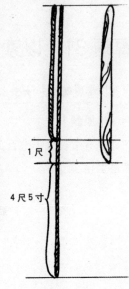

【注释】

①引绳：直绳。

②屈绳：对折后的绳子。

【译文】

现有一块木头，不知长短。用一条直绳量它，绳子比木头长4尺5寸。将绳子对折测量木头的长度，绳子比木头短1尺，问这块木头有多长？

【单位换算】

1丈 =10尺

1尺 =10寸

【解答】

可以先求出绳长：

用直绳超出木头的4尺5寸，加上绳子对折后不足的1尺，一共是5尺5寸。将此长度乘以2，等于1丈1尺。

再求木长：

用1丈1尺（11尺）减去4尺5寸，等于6尺5寸，即是木头的长度。

因此，这块木头长6尺5寸。

提示

为什么这样计算？对照插图，认真观察木头与绳子间的长度关系。便会立刻明白。

154

拓展

1. 耗时的难题

难度等级：★★☆☆☆　　　　思维训练方向：图像思维

小辛在数学期末考试中碰上一道难题，已知，他刚看到这道难题时考试时间刚好过去了一半，当他把这道难题解答完再看表时，发现距离考试结束只剩下他解这道难题所花时间的一半了，你能推算出小辛做这道难题的时间占全部考试时间的几分之几吗？

【解答】

$\frac{1}{3}$。

首先，你可以在头脑中或者用笔在纸上画一条线段，代表整场考试的时间。因为开始解答难题时，

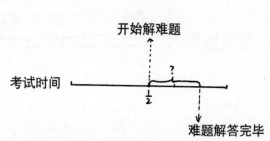

考试时间刚好过去了一半，所以，可以将这条线段分成两段，后半段表示解答难题及这道难题解答完毕后的时间。因为难题解答完毕后发现距离考试结束只剩下解答难题所花时间的一半，因此，可以把后半条线段再分成 3 份，解答难题所用的时间占了其中的 2 份，也就相当于占了后半个 $\frac{1}{2}$ 的 $\frac{2}{3}$，$\frac{1}{2} \times \frac{2}{3} = \frac{1}{3}$。

因此，小辛解答难题用去的时间是整场考试时间的 $\frac{1}{3}$。

上面这道题虽然从表面看与图形问题无关，但和上题一样，需要你展开形象思维去探寻已知条件间的数量关系，如果你觉得"空想"比较困难，最好还是画个图帮帮自己。

在解题时，为了让题目变得形象易懂，我们可以把已知条件转化成图像来考虑它们之间的关系，即使这些已知条件是有关数量、时间、重量的。

2. 昆虫的重量

难度等级：★★★☆☆　　　　思维训练方向：图像思维

科学家在野外发现一种昆虫，这种昆虫的胸部重1克，头部的重量是胸与腹重量的和，腹重等于头和胸重量之和的一半。你能算出这种昆虫的体重吗？

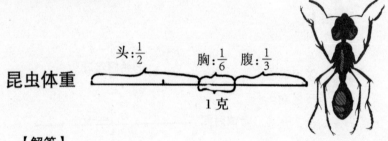

【解答】

昆虫的体重是由头、胸、腹三部分的重量构成的，因为头部的重量是胸与腹重量的和，因此，你可以画一条线段并将它等分，前半部分表示头重，后半部分表示胸与腹的重量。又因为腹重等于头和胸重量之和的一半，因此，你可以再将这条线段分成三份，前两份代表头与胸的重量，后一份代表腹部的重量。由上我们可以看出：昆虫头部的重量占全身重量的 $\frac{1}{2}$，腹部的重量占全身重量的 $\frac{1}{3}$，因此胸部的重量占全身重量的 $1-(\frac{1}{2}+\frac{1}{3})=\frac{1}{6}$，因为胸部的重量已知，是1克，因此，这种昆虫的总重量是6克。

算题 33 度影测竿

难度等级：★★☆☆　　　思维训练方向：图像思维

【原题】

今有竿不知长短，度其影得一丈五尺。别立一表①，长一尺五寸，得五寸。问竿长几何？（选自《孙子算经》25 卷下）

【注释】

①表：直立于地面，用来测算物体高度的标杆。

【译文】

现有一根不知长短的竹竿，已知它的影子长 1 丈 5 尺。再竖起一块表，表长 1 尺 5 寸，表影长 5 寸。问竹竿的长度是多少？

【单位换算】

1 丈 =10 尺

1 尺 =10 寸

【解答】

因为是在同一时刻进行的测量，所以，

竿长：竿影长 = 表长：表影长。

对于这道题目，

竿长：1 丈 5 尺 =1 尺 5 寸：5 寸。

把长度单位统一换算成"尺"，则，

竿长：15 尺 =1.5 尺：0.5 尺。

竿长 =15 尺 ×1.5 尺 ÷0.5 尺 =45 尺，45 尺 =4 丈 5 尺。

因此，这根竹竿长 4 丈 5 尺。

再操练

1. 胡夫金字塔有多高

难度等级：★★★☆☆　　　思维训练方向：图像思维

埃及金字塔是世界七大奇迹之一，其中最高的是胡夫金字塔，它的神秘和壮观倾倒了无数人。它的底边长230.6米，由230万块重达2.5吨的巨石堆砌而成。金字塔塔身是斜的，即使有人爬到塔顶上去，也无法测量其高度。后来有一个数学家解决了这个难题，你知道他是怎么做的吗？

【解答】

挑一个好天气，从中午一直等到下午，当太阳的光线给每个人和金字塔投下阴影时，就开始行动。在测量者的影子和身高相等的时候，测量出金字塔阴影的长度，这就是金字塔的高度，因为测量者的影子和身高相等的时候，太阳光正好是以45°角射向地面的。

2. 测望敌营

难度等级：★★★☆☆　　　思维训练方向：图像思维

【原题】

敌军处北山下原，不知相去远近。乃于平地立一表，高四尺，人退表九百步，遥望山原，适与表端参合。人目高四尺八寸。欲知敌军相去几何？（选自《数书九章》）

【译文】

敌营驻扎在北山脚下，不知道相距多远。在一块平地上立一根高4尺的标杆，人后退900步，测望敌营，人目、标杆顶端以及兵营在同一直线上。人眼的高度为4.8尺。求敌我之间的距离是多少？

【单位换算】

1 里 =360 步

1 步 =5 尺(《数书九章》中的单位换算比率与《孙子算经》略有不同)

1 尺 =10 寸

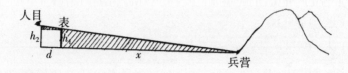

【解答】

设兵营与标杆的距离为 x。

人与标杆的距离为 d，$d=900$ 步 =4 500 尺。

标杆的高度为 h_1，$h_1=4$ 尺。

人目的高度为 h_2，$h_2=4.8$ 尺。

因为阴影部分的两个三角形相似，所以，

$x : d=h_1 : (h_2-h_1)$

$x=dh_1 \div (h_2-h_1)$

$x=4\,500 \times 4 \div (4.8-4)=22\,500$ 尺 $\div 5 \div 360=12.5$ 里

因此，敌我之间的距离是 12.5 里。

3. 测望山高

> **难度等级：★★★☆☆**　　　　　**思维训练方向：图像思维**

【原题】

今有山居木西，不知其高。山去①木五十三里，木高九丈五尺。人立木东三里，望木末适与山峰斜平。人目高七尺。问山高几何？（选自《九章算术》）

【注释】

①去：距离。

【译文】

树的西面有一座山。山距离树有 53 里，树高 9 丈 5 尺。人站在离树 3 里的地方，看到树梢刚好与山峰在同一直线上。人目高 7 尺。问山有多高？

【单位换算】

1 里 =1 800 尺

1 丈 =10 尺

1 尺 =10 寸

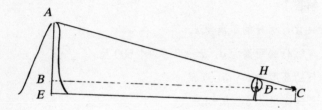

【解答】

根据已知：

DH= 树高 − 人目高 =95 尺 −7 尺 =88 尺

BC=*BD*+*DC*=53+3=56（里）　　　56 里 =100 800 尺

DC=3 里 =5 400 尺

因为三角形 *HDC* 与三角形 *ABC* 相似，所以，

DH ：*AB*=*DC* ：*BC*

$AB=DH \times BC \div DC=88 \times 100\ 800 \div 5\ 400=1\ 642\frac{2}{3}$（尺）

$AE=AB+BE=1\ 642\frac{2}{3}$ 尺 $+7$ 尺 $=1\ 649\frac{2}{3}$ 尺

$1\ 649\frac{2}{3}$ 尺 $=164$ 丈 9 尺 $6\frac{2}{3}$ 寸

因此，山高 164 丈 9 尺 $6\frac{2}{3}$ 寸。

4. 测望井深

难度等级：★★★☆☆　　　思维训练方向：图像思维

【原题】

今有井，径五尺，不知其深。立五尺木于井上，从木末望水岸，入径①四寸。问井深几何？

【注释】

①入径：视线与井口交会点距离"立木"根部的距离。

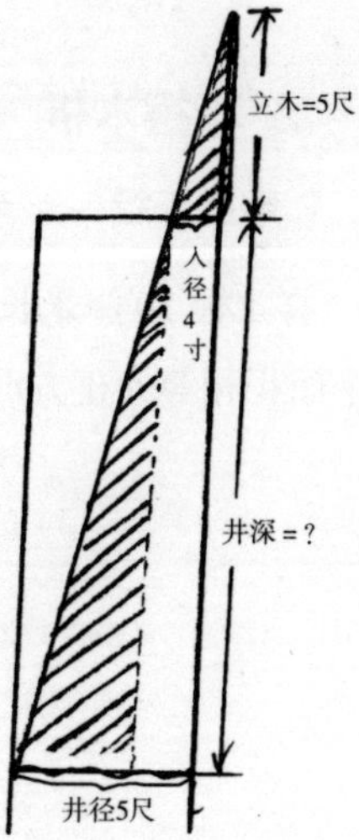

【译文】

有一口井，直径 5 尺，在井沿上直立一根 5 尺长的木头，从木头的顶端观测井水水岸，入径是 4 寸。问这口井有多深？

【单位换算】

1 丈 =10 尺

1 尺 =10 寸

【解答】

因为图中阴影部分的两个三角形相似，所以

立木：井深 = 入径：（井径 – 入径）

由此可见，井深 = 立木 ×（井径 – 入径）÷ 入径 =50 寸 ×（50 寸 –4 寸）÷4 寸 =575 寸，575 寸 =5 丈 7 尺 5 寸。

因此，井深 5 丈 7 尺 5 寸。

头脑风暴：延伸一维空间

1. 摆三角形

难度等级：★★★☆☆　　　思维训练方向：创意思维

有 3 根木棒，分别长 3 厘米、5 厘米、12 厘米，在不折断任何一根木棒的情况下，你能够用这3根木棒摆成一个三角形吗？

3厘米

5厘米

12厘米

2. 巧摆木棍

难度等级：★★★★☆　　　思维训练方向：**图像思维**

有4根10厘米长的木棍和4根5厘米长的木棍，你能用它们摆成3个面积相等的正方形吗？

3. 圆的直径

难度等级：★★★☆☆　　　思维训练方向：**创意思维**

如图，A 点是圆心，长方形的一顶点 C 在圆上。AB 的延长线与圆交于 E 点。已知 $BE=3$cm，$BD=6.5$cm，求圆的直径。

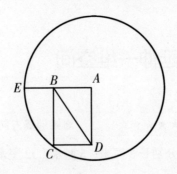

162

4. 泳道有多长

在一个直径100米的圆形场地上，新建了一座长方形的游泳馆，它的长为80米。馆内修了一座菱形的游泳池，菱形的游泳池的各顶点刚好在长方形的游泳馆各边的中点上。你能快速算出游泳池的泳道有多长吗？

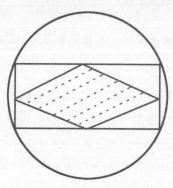

第二节 二维空间——"面"

算题34 一束方物

【原题】

今有方物一束，外周一匝有三十二枚。问积几何？

（选自《孙子算经》24卷下）

【译文】

现有（底面）为正方形的物品一束，最外一圈由32枚底面是正方形的小方物组成。问这一束方物底面面积（用小方物的枚数表示）？

【解答】

根据已知条件，你可以想象出，这束方物的底面是由若干个大小相等的小正方形组成的，并且这个底面自身也是正方形，因此，在每一条边上有相等数量的小正方形。根据已知，底面最外一圈有32枚小方物，所以，每一条边上有（32+4）÷4=9（个小正方形）。由此可以算出这个正方形底面应该由9×9=81（枚小方物）组成。

《孙子算经》并没有采用这种惯常的解法，在认真观察每一匝方物数量关系的基础上，古人发现每一匝方物比内一匝多8个，用32减8得内一匝（倒数第二匝）方物数量，再减8得更内一匝（倒数第三匝）方物数量……如此递减直至中心位置的那1个方物，将每次相减所得结果相加，即可求出这一束方物的底面积：32+（32-8）+（32-8×2）+（32-8×3）+1=81

因此，这束方物的底面是由81枚小方物构成的。

拓展

1. 无价之宝

难度等级：★★★★☆　　思维训练方向：图形思维　计算思维

一名在南美洲淘金的老财主不仅淘到了大量的金子，而且淘到了许多钻石。为了向别人炫耀自己的富有，他决定用自己淘到的钻石镶一个世界上绝无仅有的无价之宝。他决定，第一天，从保险柜里取出一颗钻石；第二天，取出 6 颗钻石，镶在第一天那一颗钻石的周围；第三天，在其（如右图）外围再镶一圈钻石，变成了两圈。每过一天，就多了一圈。这样做 7 天以后，镶成了一个巨大的钻石群。请问，这块无价之宝一共有多少颗钻石？

【解答】

开始时只有 1 颗，第二天增加了 6 颗，第三天又增加了 12 颗，第四天又增加了 18 颗……计算七天的总数，公式为：1 ＋ 6 ＋ 12 ＋ 18 ＋ 24 ＋ 30 ＋ 36=127（颗）。

因此，这块无价之宝由 127 颗钻石构成。

2. 足球的外衣

难度等级：★★★★☆　　思维训练方向：观察思维　图形思维　归纳思维

一个标准足球通常是由 12 块正五边形的黑皮子和若干块正六边形的白皮子拼接而成的。你能够计算出白皮子的块数吗？

【解答】

首先，观察一个足球上的黑皮子，你会发现

任何一块黑皮子的任何一条边都与白皮子拼接在一起，而且不同的边拼接着不同的白皮子。12块正五边形的黑皮子有60条边，因此，在一个足球上就有60条黑白相接的边。

再观察正六边形的白皮子，白皮子是正六边形，任何一块白皮子的6条边中，都有3条与黑色皮子拼接，3条与其他白色皮子拼接。现在总共有60条黑白相接的边，因此，一个足球上白皮子的数量是：60÷3=20（块）。

3. 要多少块地板砖

难度等级：★★★★☆　　思维训练方向：观察思维　归纳思维

如图所示，用41块咖啡色和白色相间的地板砖可摆成对角线各为9块地板砖的图形。如果要摆成一个类似的图形，使对角线有19块地板砖，总共需要多少块地板砖？

【解答】

可以先试某些小一点的数目。比如这样的图形当对角线是3块的时候，一共需要5块地板砖；如果对角线是5块的时候需要13块；对角线是7块的时候需要25块；对角线是9块的时候需要41块……上列数目依次是5、13、25、41……考虑一下每一次增加了多少块，找到什么样的规律，然后用笔简单地排出一个数列，就可以知道对角线是19块的时候需要181块地板砖。

因此，铺这块地一共需要181块地板砖。

算题 35　桑生方田中——正方形的面积

难度等级：★★★☆☆　　　思维训练方向：图像思维

【原题】

今有方田，桑①生中央。从角至桑 百四十七步。问为田几何？（选自《孙子算经》14 卷中）

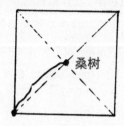

桑树

【注释】

①桑：（一棵）桑树。

【译文】

现有一块正方形田地，一棵桑树长在此田正中央。从田地一角到桑树有 147 步。问这块田的面积是多少？

【单位换算】

1 顷 =100 亩

1 亩 =240 平方步

【解答】

这道题实际上是已知正方形对角线长度，求正方形面积。在求解过程中需求算出正方形边长作为中转条件。今天我们已经非常清楚地知道正方形对角线与边长之间的长度比是 $\sqrt{2}$：1，但是《孙子算经》成书时代的古人却只大略地知道此二者间的换算关系。在《孙子算经》卷 4 上中，有这样的记录："见邪求方，五之，七而一"，也就是说正方形边长与对角线的长度比是 5：7，已知对角线长度求边长时，用对角线长度乘以 5 再除以 7。虽然古人的认识不是非常精确，但是，他们能够主动探寻此二者间的长度关系，并把认识的结果固定下来作为方法性的计算指导，已经非常了不起了。

这道题目的已知条件只有一个——"田地一角到桑树的距离是147步"，147步其实只是方田对角线长度的一半，用147×2=294（步），便求出了整条对角线的长度。根据《孙子算经》里正方形对角线与边长之间的换算方法：用294乘以5再除以7，便求出了方田的边长，是210步。210步自相乘得44 100平方步，便求出了这块方田的面积。最后，我们将这一结果换算成以"顷"和"亩"做单位的数量：

44 100平方步 ÷240 = 183.75平方步

183.75平方步= 1 顷 83 亩 180 平方米

因此，这块田的面积是 1 顷 83 亩 180 平方步。

算题 36　三种方法求圆的面积

难度等级：★★★★☆　　思维训练方向：观察思维　归纳思维

【原题】

今有圆田周①三百步，径②一百步。问得田几何？（选自《孙子算经》13 卷中）

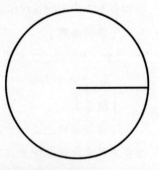

【注释】

①周: 在古文中通常指圆或球的周长。

②径: 在古文中通常指圆或球的直径。

【译文】

今有圆田周长 300 步，直径 100 步。问圆田的面积是多少？

【单位换算】

1 亩 =240 平方步

【解答】

《孙子算经》成书之时，人们虽然还不能将 π 精确到小数点之后的数位，但对于圆的直径、周长、面积间的计算关系已经认识得非常深入了。已知圆的直径，他们可以用多种方法求圆的面积：

方法1：圆面积 = 周长的一半 × 半径

对于本题，

周长的一半是 300÷2=150 步

半径的长度是 100÷2=50 步

因此，圆面积 =150×50=7 500（平方步）

方法2：圆面积 = 周长 × 周长 ÷12

对于本题，

圆面积 =300×300÷12=7 500（平方步）

方法3：圆面积 = 直径 × 直径 × $\frac{3}{4}$

对于本题，

圆面积 =100×100× $\frac{3}{4}$ =7 500（平方步）

7 500 平方步 ÷240=31 亩余 60 平方步

因此，这块圆田的面积是 31 亩余 60 平方步。

📃 提示

你通常怎样求圆的面积？想想上述三种方法的依据是什么。

头脑风暴：延展二维空间

1. 地毯的面积是多少

难度等级：★★★☆☆　　　　思维训练方向：图像思维

如图，在一间边长为 4 米的正方形房间里铺着一块三角形地毯。

请问，这块地毯的面积是多少？

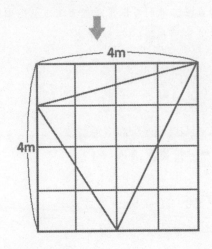

2. 大小三角形面积比

难度等级：★★★★☆　　思维训练方向：图像思维　创意思维

在一个正三角形中内接一个圆，圆内又内接一个正三角形。请问：外面的大三角形和里面的小三角形的面积比是多少？

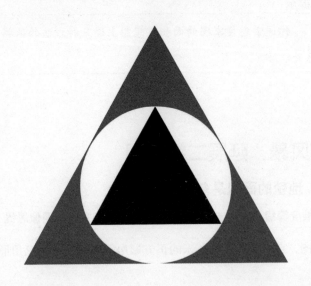

3. 一个比四个

有两个一样大的正方形，一个正方形内有一个内切圆，另一个正方形分成了4个完全相同的小正方形，每个小正方形内有一个内切小圆。请问：4个小圆的面积之和与大圆的面积哪个大？

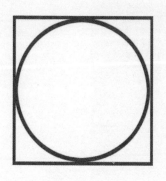

4. 方中的圆，圆中的方

有一个边长10厘米的正方体。在里面画一个内接圆，在圆内再画一个正方形。请问，小正方形的面积为多少？

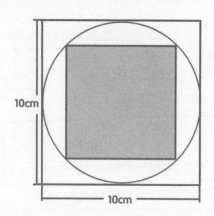

171

5. 经典的几何分割问题

难度等级：★★★★☆　思维训练方向：图像思维　创意思维

这是一道经典的几何分割问题。

请将这个图形分成四等份，并且每等份都必须是现在图形的缩小版。

6. 四等分图形

难度等级：★★★★★　思维训练方向：图像思维　创意思维

你能将下面 6 个四边形分别分成 4 个形状、大小完全一样，且与原四边形相似的小四边形吗？

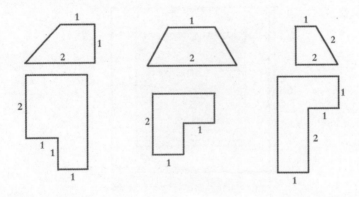

7. 拼长方形

图中是一块形状不规则的木板。请想想，怎么样才可以把木板切成两块，并把它拼成一个长宽比为5∶3的长方形，而且不需要翻面？

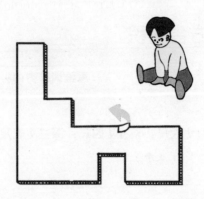

8. 残缺变完整

用两条直线把下面这个残缺的长方形分成三块，使这三块能重新拼成一个正方形。

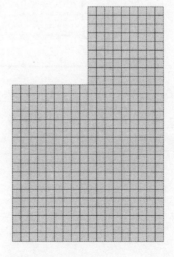

第三节　三维空间——"体"

算题 37　方窖容积

难度等级：★★☆☆☆　　　思维训练方向：空间思维

【原题】

今有方窖广四丈六尺，长五丈四尺，深三丈五尺。问受粟几何？

（选自《孙子算经》11 卷中）

【译文】

今有一口长方体地窖，宽 4 丈 6 尺，长 5 丈 4 尺，深 3 丈 5 尺。问可以盛放多少粟？

【单位换算】

1 丈 =10 尺

1 尺 =10 寸

1 寸 =10 分

1 斛 =10 斗

1 斗 =10 升

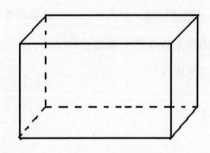

【解答】

长方体体积 = 长 × 宽 × 深 =46 尺 ×54 尺 ×35 尺 =86 940 立方尺

要想知道体积为 86 940 立方尺的方窖能装多少粮食，需要将由长度单位表示的体积量转换为由容积单位表示的体积量，这两种度量单位间的转换关系是 1 斛 =1 尺 6 寸 2 分，86 940 立方尺 ÷1 尺 6 寸 2 分 =53 666 斛 6 斗 6$\frac{2}{3}$ 升

因此，这口方窖可以盛放 53 666 斛 6 斗 6$\frac{2}{3}$ 升粟。

你是不是已经被上面烦琐的单位名称和复杂的数据形式弄晕了？不要烦躁，不要被这些内容阻碍了思维。其实，针对这道题目，你只要知道长方体的容积计算法就可以了。

算题 38　圆窖容积

难度等级：★★☆☆☆　　　　思维训练方向：空间思维

【原题】

今有圆窖下周二百八十六尺，深三丈六尺。问受粟几何？（选自《孙子算经》10 卷中）

【译文】

现有圆柱体地窖底面周长 286 尺，深 3 丈 6 尺。问这个可以容纳多少粟？

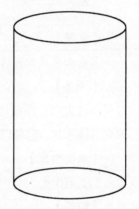

【单位换算】

1 斛 =10 斗

1 斗 =10 升

【解答】

圆窖体积 = 底面积 × 高

首先，求圆窖的底面积，用"圆面积 = 周长 × 周长 ÷12"这个公式：

286×286÷12

不用着急求结果，为了便于约分，再直接乘以圆窖的深 36 尺：

286×286÷12×36=245 388（立方尺）

要想知道体积为 245 388 立方尺的圆窖能装多少粮食，需要将由长度单位表示的体积量转换为由容积单位表示的体积量：

245 388 立方尺 ÷1 尺 6 寸 2 分 =151 474 斛 7 $\frac{11}{24}$ 升

因此，这口圆窖可以盛放 151 474 斛 7 $\frac{11}{24}$ 升粟。

算题 39　方木做枕

难度等级：★★☆☆☆　　　思维训练方向：空间思维

【原题】

今有木方[①]三尺，高三尺。欲方五寸作枕一枚，问得几何?（选自《孙子算经》15 卷中）

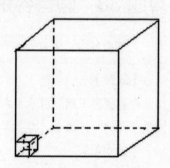

【注释】

①底面是正方形的木块。

【译文】

一块方木，底面边长 3 尺，高 3 尺。若用这块木头做棱长为 5 寸的立方体木枕，问可以做多少枚?

【单位换算】

1 尺 =10 寸

【解答】

正方体体积 = 棱长 [3]

首先，计算方木的体积：棱长 3 尺的三次方，是 27 立方尺。

接下来，计算每块木枕的体积：棱长 0.5 尺的三次方，是 0.125 立方尺。

最后，计算这块方木可以做多少块方枕：27÷0.125=216（枚）

因此，这块木头可以做 216 枚方枕。

算题40 方沟体积

难度等级：★★☆☆☆   思维训练方向：空间思维

【原题】

今有沟广十丈，深五丈，长二十丈。欲以千尺作一方，问得几何？

（选自《孙子算经》18卷中）

【译文】

现有一沟，宽10丈，深5丈，长20丈。若以1立方千尺做单位，此沟有多少个这样的单位？

【单位换算】

1丈 =10尺

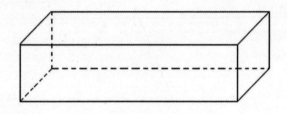

【解答】

方沟体积 = 宽 × 深 × 长

先求这个沟的体积：100尺 ×50尺 ×200尺 =1 000 000立方尺。

再求此沟一共包含多少个1立方千尺：

因为，1立方千尺 =1000立方尺，所以

1 000 000立方尺 ÷1 000立方尺 =1 000

即这个沟一共有1 000个这样的单位。

算题 41 粟堆的体积

难度等级：★★☆☆☆　　　思维训练方向：空间思维

【原题】

今有平地聚粟，下周三丈六尺，高四尺五寸。问粟几何？（选自《孙子算经》3卷下）

【译文】

在一块平地上堆粟，粟堆底面周长3丈6尺，高4丈5尺。问这个粟堆有多少粟？

【单位换算】

1丈=10尺

1尺=10寸

【解答】

平地上的粟堆近似于圆锥体，圆锥体体积=$\frac{1}{3}$圆锥底面积×高。

首先计算圆锥的底面积，利用"圆面积=周长×周长÷12"这个公式：

36尺×36尺÷12=108尺

再计算圆锥的体积：

$\frac{1}{3}$×108平方尺×45尺=1 620立方尺

最后用将1 620立方尺转换成容积单位：

1 620立方尺÷1尺6寸2分=100斛

因此，这个粟堆有100斛粟。

算题42　河堤的体积1

【原题】

今有堤，下广五丈，上广三丈，高二丈，长六十尺。欲以一千尺作一方，问计几何？（选自《孙子算经》17卷中）

【译文】

有一座纵截面是梯形的河堤，下底长5丈，上底长3丈，高2丈，河堤长60尺。若以1 000立方尺为一单位，问这座堤包含多少个这样的单位？

【单位换算】

1丈 =10尺

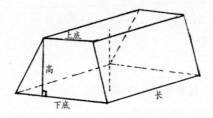

【解答】

解答这道题之前，我们首先需要想清楚这个河堤的空间图形到底是什么样的。它其实是一个以梯形做底的棱柱，只不过现在这个棱柱平躺了下来，底面变成了纵截面——一个梯形的垂直于地面的截面。因此，河堤的高也就相当于梯形的高，而棱柱的高此时变成了题干中所说的河堤的"长"。弄清形体之后，我们依然可以用计算棱柱体积的方法计算这座河堤的体积。

先来计算这座河堤纵截面的面积，因为它是梯形的，因此：

纵截面的面积 $=\frac{1}{2}$（上底 + 下底）× 高，带入数据计算：

$\frac{1}{2}$ ×（30+50）×20=800（平方尺）

再求河堤的体积，因为河堤的长与河堤纵截面垂直，因此，用纵截面面积 800×60=48 000（立方尺）

乘以河堤的长，即可求出河堤的体积：

最后，用 48 000 立方尺除以 1 000 立方尺，等于 48。

因此，这座河堤包含 48 个这样的单位。

算题 43   河堤的体积 2

难度等级：★★☆☆☆   思维训练方向：空间思维

【原题】

今有筑城，上广二丈，下广五丈四尺，高三丈八尺，长五千五百五十尺。秋程人功①三百尺。问须功几何？（选自《孙子算经》22 卷中）

【注释】

①秋程人功：秋季每人的工程量。

【译文】

现筑造侧面是梯形的城墙，上底长 2 丈，下底长 5 丈 4 尺，高 3 丈 8 尺，城墙长 5550 尺。秋季所规定的人均工程量是 300 立方尺。问建造此墙需要多少个这样的人均工程量？

【单位换算】

1 丈 =10 尺

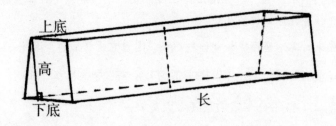

【解答】

这座城墙的形体特征与上题的河堤基本相同，只是更长一些。

首先，计算城墙侧面面积，因为它是一个梯形，根据梯形面积计算公式便可以求出：

$\frac{1}{2} \times (20+54) \times 38 = 1406$（平方尺）

再计算城墙的体积，因为城墙的长与城墙侧面垂直，因此可以用侧面面积乘以城墙长求出城墙的体积：

$1406 \times 5550 = 7803300$（立方尺）

最后，计算筑城所需要的工程单位总数。用城墙体积除以秋季人均工程量，便可以求出筑造城墙所需的工程单位总数：$7803300 \div 300 = 26011$（个）

因此，建造此墙需要 26011 个人均工程量。

算题 44　商功——穿渠

难度等级：★★☆☆☆　　　思维训练方向：空间思维

【原题】

今有穿①渠，长二十九里一百四步，上广一丈二尺六寸，下广八尺，深一丈八尺。秋程人功三百尺。问须功几何？（选自《孙子算经》23卷中）

【注释】

①穿：挖。

【译文】

今挖纵截面是梯形的一条渠，渠长 29 里 104 步，上底长 1 丈 2 尺 6 寸，下底长 8 尺，渠深 1 丈 8 尺。秋季所规定的人均工程量是 300 立方尺。问挖通此渠需要多少这样的人均工程量？

【单位换算】

1 里 =300 步

1 步 =6 尺

1 丈 =10 尺

1 尺 =10 寸

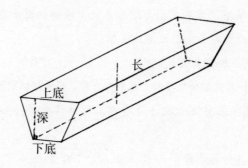

【解答】

这条渠的形状就是前两题的河堤和城墙上下倒置后的样子。根据长度单位间的换算关系：

29 里 =29×300=8 700 步

8 700+104=8 840 步

8 804 步 =8 804×6=52 824 尺

先计算这条渠纵截面的面积，根据梯形面积公式即可求出：

$\frac{1}{2}$ ×（12.6+8）×18=185.4（平方尺）

再计算渠道的体积，因为渠长与渠道纵截面垂直，因此可将此二者相乘，乘积即是渠道的体积：

185.4×52 824=9 793 569.6（立方尺）

最后，计算挖掘这条渠所需要的工程单位总数。用渠道体积除以人均工程量：

9 793 569.6 立方尺 ÷300 立方尺 =32 645 个……96.6 立方尺

因此，挖通此渠需要 32 646 个人均工程量。

拓展

1. 挖池子

难度等级：★★★☆☆　思维训练方向：分析思维　计算思维

如果挖1米长、1米宽、1米深的池子需要12个人干2小时。那么6个人挖一个长、宽、深是它两倍的池子需要多少时间？

【解答】

这个池子的容积是第一个池子的8倍，12个人来挖需要的时间是原来的8倍，6个人来挖就需要原来的16倍。

因此，需要32小时。

2. 生产飞机模型

难度等级：★★★☆☆　思维训练方向：分析思维　计算思维

一家工厂4名工人每天工作4小时，每4天可以生产4架飞机模型，那么8名工人每天工作8小时，8天能生产几架飞机模型呢？

【解答】

可以这样计算：4人工作4×4小时生产4架飞机模型，所以，1人工作4×4小时生产1架飞机模型，这样每人工作1小时就生产 $\frac{1}{16}$ 架飞机模型。

8人每天工作8小时，一共工作8天，生产的飞机模型数目就是 $8 \times 8 \times 8 \times \frac{1}{16} = 32$（架）。

因此，正确的答案是32架。

想一想，可不可以不求每个工人一小时的工作量而直接得出正确答案？

3. 鸡生蛋

难度等级：★★★☆☆　思维训练方向：分析思维　数字思维

5 只鸡 5 天一共生 5 个蛋，50 天内需要 50 个蛋，需要多少只鸡？

【解答】

仍然仅需 5 只鸡。

头脑风暴：扩充三维空间

1. 立方体问题

难度等级：★★☆☆☆　　　　思维训练方向：空间思维

同一种图案不可能在两个以上的立方体表面上同时出现。看一看，下面哪个图不属于同一个立方体？

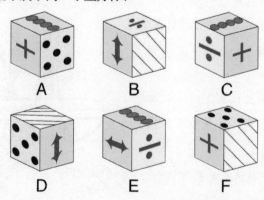

2. 切掉角的立方体

难度等级：★★★★☆   思维训练方向：创意思维

一个立方体，如图切去一个面的四个角。现在，这个立方体有多少个角？多少个面？多少条棱？

附录 头脑风暴部分答案

第二章 千古名题抢先看

第二节 物不知数

1. 迷信的渔夫
419条鱼

首先计算2、3、4、5、6、7的最小公倍数，这几个数的最小公倍数是420，当总鱼数是420时，无论每个袋子分2条、3条……还是7条，都能够恰好分尽，但实际情况是，无论怎么分都缺一条，用420-1=419条。

这道题目为什么不使用烦琐的"物不知数"法求解呢？原因有两个：首先，每次做除法，余数都是1，而不是既有2，又有3，还有5……其次，2、3、4、5、6、7这六个除数不是两两互质的，它们的最小公倍数很容易想到。

2. 数橘树
2 101棵

有了上面一道题目做铺垫，你应该能够很快算出答案。首先，计算2、3、5、7的最小公倍数，2×3×5×7=210，因为橘园里有大约2000棵橘树，因此，210×10=2100。又因为无论怎样数总是剩余1棵，所以，2100+1=2101棵。

3. 22岁的生日
周六

"物不知数"问题在《孙子算经》中出现

并不是偶然的，它与古人的生活息息相关。在古代，人们常会遇到两数相除"除不尽"的问题，而这种问题最常出现在历法计算的过程中，如计算年岁和日期。这类问题我们今天依然会遇到。

1978年出生，22岁时应该是2000年。这22年中有5个闰年，即1980年、1984年，1988年、1992年、1996年。因为一年通常是365（天），所以这22年间一共有365×22+5=8 035天。因为一周有7天，所以8 035÷7=1147（周）……6（天）。因为出生那天是星期日，所以，22岁生日那天应该是星期六。

4. 奇怪的三位数
504

你有没有受到惯性思维的影响，打算还用"物不知数"的方法解答这道题目？其实，这道题目是在故意用"看似除不尽"的假象考验你。一个数减去7刚好被7除尽，那它不就是能被7整除吗；一个数减去8刚好能被8除尽，那它不也就是能被8整除吗；一个数减去9能被9整除，依然同理，它必须得是9的整数倍。所以，若想求能同时被7、8、9整除的数，只要求这三个数的公倍数就可以了。对于这道题目，我们只要求出最小公倍数即可。所以7×8×9=504。

第五节 三女归宁

1. 小猫跑了多远
5 000米

小猫的奔跑速度是不变的，只需要知道小猫跑了多长时间，就可以用"速度×时间"计算出它的奔跑路程。

同同追上苏苏用了10分钟，因此，小猫一共跑了500×10=5 000米。

2. 兔子追不上乌龟
乌龟说得不对

乌龟只看到了速度和距离，却没考虑时间。事实上，兔子只要用$\frac{10}{9}$秒的时间就能与乌龟相遇，然后，兔子就跑到乌龟的前面去了。

3. 乌龟和青蛙的赛跑
还是乌龟赢得了比赛

很多人可能会认为第二场比赛的结果是平局，其实这个答案是错误的。因为由第一场比赛可知，乌龟跑100米所需的时间和青蛙跑97米所需的时间是一样的。因此，在第二场比赛中，乌龟和青蛙同时到达距起点97米处，而在剩下的相同的3米距离中，由于乌龟的速度快，所以，当然还是

它先到达终点。

这道题解答思路的巧妙之处在于它灵活地应用了分合思维，将整个路程分割成两段，分别比较龟、蛙的快慢，在分别把这两段路程的情形想明白后，再综合思考得出结论。

4. 比较船速
不相等

你可以带个数检验一下：假设船在静水中的航行速度是每小时16千米，水流的速度是每小时4千米，行船距离40千米。则，船在静水中的行驶时间是：

40×2÷16=5（小时）

而船逆流而上然后顺流而下所使用的时间：40÷（16-4）+40÷（16+4）≈3.3+2=5.3（小时）

因此，船在固定水域逆流而上然后顺流而下所使用的时间与它在静水中行驶一个来回的时间不相等。

5. 轮胎如何换

如果给8个轮胎分别编为1～8号，每2 500千米换一次轮胎，配用的轮胎可以用下面的组合：123（第一次可行驶5 000），124，134，234，456，567，568，578，678。

第三章　数字魔方转转转

第二节　能量巨大的乘方运算

1. 巧算平方数

诚诚的窍门其实很简单，个位数是5的两位数平方运算非常有规律。首先，用十位上的数字乘以比这个数大1的数，然后再在乘积的后两位一律写上25，就肯定没错了。比如85×85，首先用十位上的8乘以比它大1的9，8×9等于72，然后在72后

面写上25，即85×85=7 225。较小一点的数25也一样，首先，2×3等于6，再写上25，则625就是25×25的积了。

2. 让错误的等式变正确

有两种方法：

方法(1)：把62移动成2的6次方：$2^6-63=1$。

方法(2)：把后面等于号上的"－"移动到前面的减号上：62=63-1。

3. 万能的 2^n

试一试你就会发现，1、2、4、8、16、32、64、128的确能够组成1～128之间的任何数。这八个数都是2的整数次幂，也就是 2^n（n依次取0、1、2、3、4、5、6、7），并且它们的和是355。

4. 设计尺子

只用0、1、4、6四个刻度。

如下图：

5. 第 55 天的花圃

第55天时花圃被覆盖了一半

这道题看似和2的乘方计算相关，但是如果你希望通过计算 2^{55} 求出答案，恐怕要徒劳了。其实只需要思考清楚第55天和第56天之间的数量关系问题便能迎刃而解：根据已知，第56天爬山虎盖满整个花圃，而前一天（也就是第55天）的覆盖面积是它的 $\frac{1}{2}$，因此，第55天时，花圃被覆盖了一半。

第四章 分配魔棒轻巧点

第一节 均分

1. 果法的分法

把4个半杯的果汁倒成2杯满果汁，这样，满杯的果汁有9个，半杯的有3个，空杯子有9个，3个人就容易平分了。

2. 分饼

3张饼分别被切分成了4块，4张饼分别切分成了3块。

3. 三刀八块

先从上面用十字的方法切2刀，这样就有了4块蛋糕，然后在蛋糕的腰部横着切一刀，这样正好就是8块蛋糕了。

4. 老财主的难题

如下图：

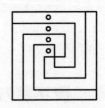

第二节 衰分

1. 遗书分牛

农夫留下15头牛

妻子分8头，长子分4头，次子分2头，幼子分1头。

2. 巧妙分马

解决的办法当然不是把23匹马卖掉，换成现金后再分配。而是，假设还有24匹马。

在这24匹马中，长子得到 $\frac{1}{2}$ 即12匹马；次子得到 $\frac{1}{3}$ 即8匹马；幼子得到 $\frac{1}{8}$ 即3匹马。

不偏不倚，按照遗嘱分完后，三人分到的马加起来正好是23匹。

如果拘泥于"遗产全部瓜分"的思维方式，这道题就解不出来。

第五章　"商务通"，脑中安

第一节　公平交易

1. 富商卖古玩

三个伙计可以从自己分到的藏品中挑出一些精品，大伙计挑1件，二伙计挑2件，小伙计挑3件。这些精品每件卖15 000元，则大伙计得15 000元，二伙计得30 000元，小伙计得45 000元。然后每个人再把自己剩下的货品每7件组合成一套，每套卖5 000元，则大伙计有7套，一共卖35 000元，二伙计有4套，一共卖20 000元，小伙计有1套，一共卖5 000元。这样就保证了他们每人都挣回50 000元。

2. 酒吧促销

129瓶

$161 \div 5 = 32 \cdots\cdots 1$，$161 - 32 = 129$瓶啤酒，所以这一天他应该至少卖出129瓶啤酒。可以检验一下：卖出129瓶，其中的125瓶要送25瓶，这25瓶被喝光后又要送5瓶，这5瓶又要送1瓶，这1瓶喝光后加上一开始余下来的4个空瓶又要送1瓶，这样总共产生了129+25+5+1+1=161（个）空啤酒瓶。

3. 称盐

两个砝码放左边，右边放盐，平衡后把左边的砝码换成盐，这些盐应该是1千克。

4. 称油

首先用5千克的桶量出5千克油并倒入9千克的桶中，再从大桶里倒出5千克油到5千克的桶里，然后用5千克桶里的油将9千克的桶灌满。现在，大桶里有2千克油，9千克的桶已装满，5千克的桶里有1千克油。再将9千克桶里的油全部倒回大桶里，大桶里有11千克油。把5千克桶里的1千克油倒进9千克桶里，这样，拿9千克桶的主妇便买到了1千克油；再从大桶里倒出5千克油装满5千克的桶，这样，拿5千克桶的主妇便买到了5千克油。

5. 卖米

通过以下五个步骤平分米：

（1）两次装满脸盆，倒入7斤的桶里。

（2）往3斤的脸盆里倒满米，再将脸盆里的米倒1斤在7斤的桶里，这样脸盆中还有2斤米。

（3）将7斤米全部倒入10斤的袋子中。

（4）将脸盆中剩余的2斤米倒入7斤的桶里。

（5）将袋子里的米倒3斤在脸盆中，再把脸盆中的米倒入桶里，这样桶和袋子里各有5斤米。

6. 卖果汁

老板倒4升的果汁到小华的瓶子里，然后

把这些果汁倒到小力的瓶子里，小力就得到他想要的果汁了，在4升处做一个标记，然后再将小华的4升瓶子装满，之后，用4升瓶内的果汁将5升瓶装满，小华就得到了他想要的果汁，最后，将5升瓶中的果汁倒回果汁桶，倒至4升标记处即可。

第二节　创意理财

1.K 金问题

22K

因为纯金是24K，所以9K黄金的纯度以十进制表示为0.375。利用计算器，你可以将一个数目乘上0.024就可以转换成K数。所以，946×0.024＝22.704，即22K。

2. 被小数点搅乱的账本

错误的款项数据是16 150元

一笔账目加上小数点后变为原来的$\frac{1}{10}$，因此错误款项（未加小数点的）与正确款项（加上小数点的）之间的差额应该相当于前者的$\frac{9}{10}$，14 535÷$\frac{9}{10}$＝16 150元，所以，错误的款项数据是16 150元。在这个数据个位之前加上小数点便可以得到正确的数据1 615.0元。

3. 重量不足的金宝箱

你可以给10个箱子按1～10的顺序编上号，然后从1号箱子拿出1块金条，从2号箱子拿出2块，3号箱子拿出3块……10号箱子拿出10块。把这55块金条一起放到秤上，如果你称得的重量是545两，比应有的重量少5两，你就可以断定5号箱子是那个重量不足的箱子；同理，如果你称得

的重量是542两，比应有的重量少8两，你就可以断定8号箱子是那个重量不足的箱子……

4. 购物积分

先不要轻易说答案，你应该认真推理一番。

①首先考虑这位顾客现在的积分可不可能已经超过60分，但又不到65分——这样，如果她在最后一个月消费不满1 000元就将被扣掉5分，导致年积分最后小于60。不会的，因为10与5这两个数字无论如何加减，得数的个位数都会是0或5。因此，这位顾客此时的积分≤60。

②同理，50～60之间的积分也只有50和55是具有可能性的。

先看已有55分的情况是否可能：

根据商场的积分规则列方程，设前11个月消费满1000元的月份有x个，不满1000元的有y个，

$$\begin{cases} x+y=11 \\ 10x-5y=55 \end{cases}$$

解这个方程你会发现，无法得出整数解，而月份的个数必须是整数，所以，现在已经有55个积分的假设无法成立。

我们再来检验一下现在已经有50个积分的假设：

$$\begin{cases} x+y=11 \\ 10x-5y=50 \end{cases}$$

解方程，x=7，y=4，答案符合要求。

因此，这位顾客此刻的积分是50分，在前11个月里，她有7个月消费超过了1 000元，有4个月消费不足1 000元。

第六章 图形王国乐无边

第一节 一维空间——"线"

1. 摆三角形
很简单，完全可以摆成一个三角形。题目并没有要求3根木棒必须首尾相接。

2. 巧摆木棍
能

3. 圆的直径
13cm

也许你正试图进行复杂的几何运算，去求 EA 为多少，然后用 $BE+EA=AB$，得出圆的半径吧。如果真的是这样的话，说明你不细心，没认真分析问题。这道题很简单，只要连接 AC，就可知 $AC=BD=6.5$ 厘米，AC 就是圆的半径。2倍的 AC 就是圆的直径，所以为13厘米。口算也行，根本不用那么复杂。记住，遇到问题，先多想一想，分析一下，有时会取得事半功倍的效果。

4. 泳道有多长
50米

泳道的长度刚好等于圆形场地的半径，用图解析立即可知。

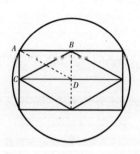

第二节 二维空间——"面"

1. 地毯的面积是多少
7平方米

首先求出地毯之外的面积，再用房间的面积减去这部分面积即可。

①是2平方米；②是3平方米；③是4平方米。房间面积为16平方米。

16－（2+3+4）=7（平方米）

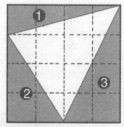

2. 大小三角形面积比
把小三角形颠倒过来，就能立刻看出大三角形是小三角形的4倍。

3. 一个比四个

一样大

以小圆的半径为 r，4 个小圆面积为 $4\pi r^2$，大圆的面积为 $\pi(2r)^2$，也就是 $4\pi r^2$。

4. 方中的圆，圆中的方

50cm^2

这个题目不止一种解法。可以把正方形转 90°，面积就会变成原正方形的一半；或者利用小正方形对角线的长来计算小正方形的面积。

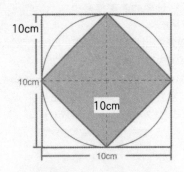

5. 经典的几何分割问题

分割方法如下图所示：

6. 四等分图形

分割方法如下图所示：

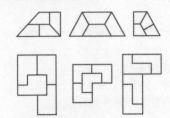

7. 拼长方形

切分拼合方法如下图所示：

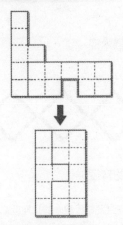

8. 残缺变完整

切分与拼合方法如下图所示：

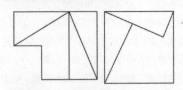

第三节 三维空间——"体"

1. 立方体问题

D 图不属于同一个立方体

2. 切掉角的立方体

12 个角、10 个面和 20 条棱